躍進する風力発電
その現状と課題

瀬川久志

大学教育出版

はしがき

　本書は，筆者の博士論文（「大型風力発電機によって構成される自治体系風力発電所に関する研究」指導教授・清水幸丸工学博士）をもとに，必要な加筆修正，組み換えなどを行い出版するものである．博士論文は名古屋産業大学大学院，環境マネジメント研究科博士後期課程へ2010年1月に提出，同3月に学位記を授与されたものである．

　風力エネルギー利用は，スペインのセルバンテスの名著『ドン・キホーテ』に風車群が登場することからもわかるように，地下水のくみ上げや穀物の脱穀用のエネルギー源として，中世以来長い歴史を持っている．現在では地球温暖化防止対策の発電技術の中で最も有効であり，ビジネスとしても，アメリカ・ヨーロッパを中心に，再生可能エネルギー利用技術の中では最も成功を収めている．

　風力発電は，一方で小型機による独立電源としての利用も進んでいるが，本書では概ね300kW以上の出力をもつ大型風力発電機によって構成される自治体所有を中心とした公共性のある風力発電所の経済分析を，聞き取り調査，入手したデータをもとに分析を行った．自治体所有中心の風力発電所を対象としたのは，それが公共性と地球温暖化防止の先駆的役割をもち，場合によっては地域振興の手段としても位置づけられ，この点での分析・検証が求められるからである．

　分析手法は自治体風力発電所のデータが特別会計として記録されているところから，それを利用した「損益分岐点分析」を行い，発電所の将来のパフォーマンス予測分析には，実際のキャッシュフローを用いたシミュレーションを行った．データ上の制約もあるが，ヨーロッパの市民所有風力発電所（ミドルグルンデン）等との比較分析も行った．また日本の再生可能エネルギー促進策にもこの手法を応用し，その効果の現状での検証を行った．大型風力発電所には，日本のみならず世界中で，鳥類との衝突，シャドーフリッカリング，騒音（低周波音）による健康への影響など否定的な側面があるが，この研究課題は他日を期すこととした．なお本書で取り上げた大型風力発電はグリッド接続を対象とした，「売電＝商用風力発電」であるが，独立電源（off-grid）としての性格をもつ「プロ

サンプション風力発電」の経済分析を行い，地域振興の手段としての風力発電の利活用に関する分析へと展開している．

2011年5月

瀬川久志

躍進する風力発電
―その現状と課題―

目　次

はしがき ……………………………………………………………………… *i*

第1章　風力発電所建設の動向と研究課題……………………………… *1*
  1. はじめに　*1*
  2. 風力発電の導入状況と社会科学研究の課題　*1*
    2.1　風力発電の導入状況　*1*
    2.2　風力発電に関する社会科学研究の課題　*4*
  3. 本書の構成　*7*
  4. 本書の位置づけおよび各章の相互関連　*11*

第2章　自治体所有の大型風力発電所の経営状態………………………… *14*
  1. はじめに　*14*
  2. 風力発電所建設地点の概要及び設置された大型風車と風について　*16*
    2.1　発電実績　*16*
    2.2　風力発電所設置によって削減された CO_2 量について　*20*
  3. 各風力発電所の財務分析　*21*
    3.1　風力発電所の特別会計　*21*
    3.2　自治体風力発電所の財務と負債―苫前町の場合―　*22*
    3.3　風力発電のキャッシュ・フロー　*24*
    3.4　キャッシュ・フロー試算　*25*
    3.5　負債償還と発電能力の関係　*26*
  4. 損益分岐点分析　*28*
    4.1　建設補助金を収入と考える場合の損益分岐点　*28*
    4.2　上積み売電価格を求めるシミュレーション　*32*
  5. 結論　*33*

第3章　日本の再生可能エネルギー促進策と風力発電の動向 ……………… *39*
  1. はじめに　*39*
  2. RPS と FIT　*40*
    2.1　ドイツのFITs（Feed-In Tariffs）　*41*

2.2　デンマークの再生可能エネルギー促進策　42
　　2.3　日本のRPS制度　42
　　2.4　制度の相違点　43
　3. RPS制度と風力発電の導入状況　46
　　3.1　導入目標量　46
　　3.2　基準利用量・バンキング　48
　　3.3　取引（売電）価格　50
　　3.4　導入量の推移　51
　4. 大型ウインド・ファームのキャッシュ・フローと損益分岐点分析モデル　56
　　4.1　分析モデル　56
　　4.2　北栄町風力発電所　58
　　4.3　八竜風力発電所　59
　　4.4　島根県江津高野山風力発電所　61
　　4.5　デンマーク市民風車との比較（Middlegrunden 洋上風力発電所）　63
　　4.6　ドイツ自治体系風力発電との比較（Wind Park Wybelsumer Polder: WWP）
　　　　　　　　　　　　　　　　　　　　　　　　　　　　　　　　　　　65
　5. 結論　66

第4章　ツーリズム資源としての風力発電 …………………… 69

　1. はじめに　69
　2. 風力発電所立地地域のツーリズム効果　71
　　2.1　キララ・トゥーリ・マキ風力発電所（旧多伎町，現・島根県出雲市）　71
　　2.2　うみてらす名立風力発電所（旧名立町，現・新潟県上越市）　73
　　2.3　夕陽ヶ丘風力発電所（北海道苫前町）　75
　　2.4　田原市風力発電所　77
　　2.5　椿ヶ鼻ハイランドパーク風力発電所　78
　3. 風力発電のツーリズム価値の比較　79
　4. 風力発電の感性評価　81
　　4.1　風力発電の感性評価の決定因子　81
　　4.2　風力発電と「ゆらぎ」　82

  4.3 風力発電の文化・芸術性 *83*
 5. 結論と若干の議論 *86*

第5章 風力発電と電力の自給 …………………………… *91*
 1. はじめに *91*
 2. 自家発電の意義 *92*
 3. 風力発電と自家発電 *94*
  3.1 上ノ国町風力発電所（漁業） *94*
  3.2 JFはさき風力発電所（漁業） *98*
  3.3 うみてらす名立風力発電所（漁業・観光） *100*
  3.4 椿ヶ鼻ハイランドパーク風力発電所（観光） *102*
  3.5 宮古島地下ダム風力発電所（かんがい農業） *103*
  3.6 福島県中山峠風力発電所（道路） *105*
 4. 電力供給率の比較 *106*
 5. 結論と若干の議論 *108*

第6章 導入期・静岡の風力発電 …………………………… *111*
 1. はじめに *111*
 2. 静岡県1号機の生産力 *114*
 3. 電力のプロサンプション *119*
 4. 発電施設の経済パフォーマンス *120*
 5. 風力発電の大型化とウインド・ファームへ *122*
 6. 結論 *124*

第7章 分析結果の総合化と展望 …………………………… *126*
 1. 分析結果の総合 *126*
 2. 展望 *130*
  2.1 再生可能エネルギー経済 *130*
  2.2 電力プロサンプションとプロシューマー *133*
  2.3 地方自治体・地域の役割 *137*

補論　風力発電の社会科学的研究の背景 …………………………………… *140*
  1. 再生可能エネルギーと風力発電　*140*
  2. 風力発電の政策　*145*
    2.1　政策　*145*
    2.2　プランニング（ソーシャル・アクセプタンス）　*148*
    2.3　フィージビリティ・スタディ　*150*
    2.4　景観・環境　*152*
  3. 風力発電の経済・経営分析（マーケティング，O&M，電力市場）　*155*
    3.1　経済分析　*155*
    3.2　財務（ファイナンス）分析　*162*
  4. 風力発電と地域経済（ツーリズム・景観）　*164*

あとがき ……………………………………………………………………… *169*

参考文献・論文 ……………………………………………………………… *171*

第1章

風力発電所建設の動向と研究課題

1. はじめに

　第1章では，まず，風力発電に関する国際レベルの研究状況をサーベイした結果に基づいて，社会科学的な研究状況を概観しつつ，本書で解明する課題を抽出した．風力発電研究のサーベイの結果は補論に収録した．第2節「風力発電の導入状況と社会科学研究の課題」で，世界レベルでの風力発電の導入状況を明らかにし，導入の国際的トレンドとの関連で，日本の導入状況を確認するとともに，社会科学研究に求められる基本的な視点を提示した．
　第3節「本書の構成」で，本書の構成を示し，第4節「本書の位置づけおよび各章の相互関連」で，既往の研究のサーベイ結果を踏まえ，社会科学研究における本書の位置づけと意義についてまとめ，各章相互の関連について言及した．

2. 風力発電の導入状況と社会科学研究の課題

2.1 風力発電の導入状況
2.1.1 欧米中心からアジアへ

　まず，世界の風力発電の導入状況を，GWEC GLOBAL WIND 2008 REPORTによって概観しよう．導入量は，ここでは累積導入量である．風力発電は，

1980年代に，すでに，アメリカ・カリフォルニア州で本格的な導入が始まったが，1990年代に入り，世界規模で急速にその導入が進められ，1996年定格出力で6,100MW（メガワット）だったものが，2004年には7.8倍の4万7,620MWに増大した．2008年末で12万0,791MWの導入容量に達したから，この12年間に，実に20倍増大したことになる．この導入量は，風力発電の設備利用率を25%とすると，30GW（ギガワット），つまり1GW原子力発電所（平均設備稼働率65%とする）46か所に相当する．ここ数年間での，世界の風力発電の導入は，加速度的に進んでいることがわかる．

　次に，年間の新規導入量を概観する．資料は，累積導入量と同じ，「GWEC GLOBAL WIND 2008 REPORT」によっている．これによると，1996年に1,280MWだった新規導入量は，2001年には6,500MWで5倍の水準になった．新ミレニアムに入って，その後は，7,270MW（2002年），8,133MW（2003年），8,207MW（2004年）と導入量が停滞していたのが，2005年から急速に年間新規導入量が増えている．2005年には，1万1,531MWの水準になり，2008年には2万7,051MWに達した．風力発電の新規導入は，加速度的に増大したことが分かる．2008年の導入量は，原子力発電所に換算すると，上と同じく設備利用率を25%として，27,051MW×0.25＝6.7GW，原発10個分が導入されたことになる．

　図1-1は，2003〜2008年の，地域別の新規導入量の推移をみたものである．導入の中心は，やはりヨーロッパ，北アメリカ，アジアであり，この3つの地域は，2008年に，ほぼ9,000MWを導入した．ラテン・アメリカ，アフリカ，中東，太平洋諸国は導入量が少ない．

　この図から読み取れることは，ヨーロッパで，新規導入量が，数字に関する限り，頭打ちの傾向になっているのに対して，北アメリカが，急速に導入量を伸ばしていることである．そして，アジアの導入量も，北アメリカと同じような伸びを示しており，2008年1年間の導入量はヨーロッパ，北アメリカと肩を並べている．このように，風力発電の地図は，ヨーロッパの圧倒的な優位から，北アメリカおよびアジアの台頭というように，ここ数年急速に変化しているのである．このことは，今後の風力発電のあり方を考える場合に，念頭に置いておかねばならいことである．

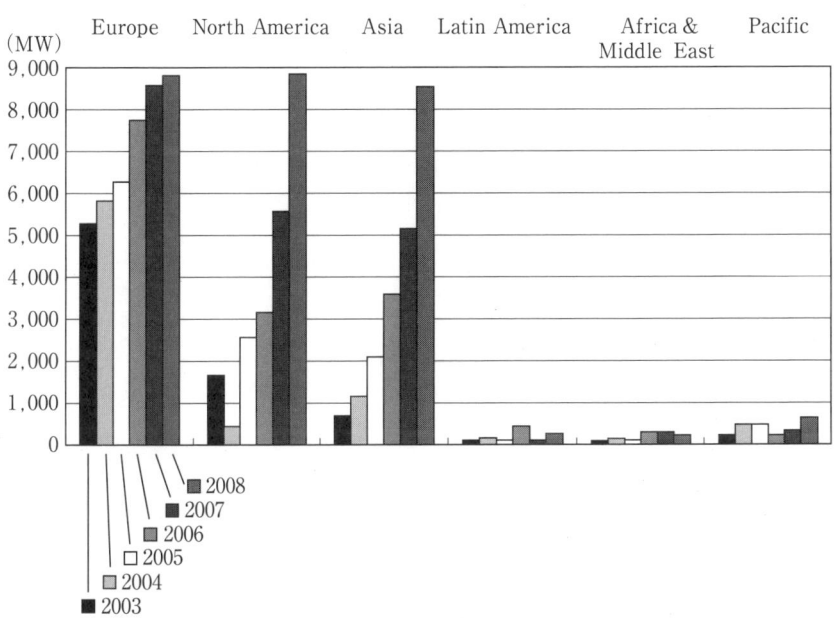

図1-1　風力発電地域別新規導入量（2003〜2008年）
出典：GWEC GLOBAL WIND 2008 REPORT

　次に，2008年末での，国別の新規導入量と配分比率をみよう．アメリカ合衆国が，8,358MWで全体の31%を占めて第1位，ついで中国が6,300MW，23%で第2位となっている．インド，ドイツ，スペインが6〜7%で続き，日本は第10位のカナダのあとの，その他諸国に入っている．いまや風力の牽引車は，アメリカと中国なのである．その結果，図1-2の「風力発電国別累積導入容量」に見るように，2008年末における風力発電の累積容量は，アメリカ合衆国が2万5,170MW，20.8%で第1位，風力発電大国のドイツが2万3,903MW，19.8%で第2位を保ち，スペインが1万6,754MW，13.9%で第3位，中国が1万2,210MW，10.1%で第4位に食い込んだ．インドが9,645MW，8%で第5位，日本は，ここでもその他諸国（Rest of the world 13位）に落ち込んだ．このように，アジアの成長と，日本の風力発電の位置の後退は，本書の背景要因として，重視しておきたい．ちなみに，日本の累積導入量は，2003年末には686MWで，第8位であった．また，中国は568MWで第10位であった（NEDO資料）．

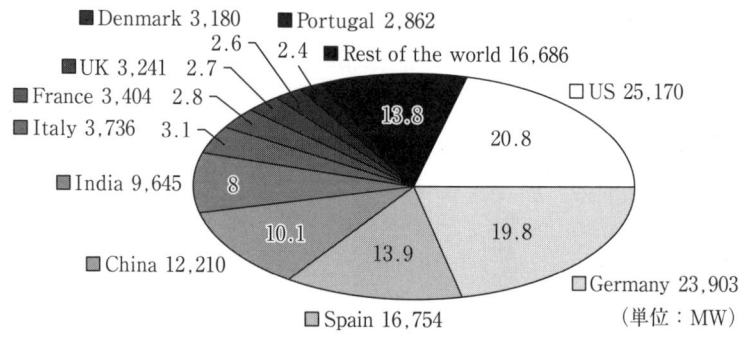

図1-2 風力発電国別累積導入容量（2008年末）
出典：GWEC GLOBAL WIND 2008 REPORT

2.1.2 日本の導入状況

　日本の導入状況はどうであろうか．NEDO（独立行政法人 新エネルギー・産業技術総合開発機構）の資料によってみると，図1-3のとおりである．NEDOのデータには，商業用風力発電以外の実験設備や個人所有のもの，小規模風車も含まれているため，データの読み方には注意が必要である．この点については，第3章「日本の再生可能エネルギー促進策と風力発電の動向」で言及する．1995年にNEDOの風力発電フィールドテスト事業が始まり，1997年からは，地域新エネルギー導入促進事業が始まったことを受けて，風力発電の建設は徐々に進展を見せ，その後21世紀に入り着実な増加傾向を示した．自治体における建設が先行し，そのあとを，民間の大型風力発電が追いかけるかたちで拡大を見てきた．

　しかしながら，先ほどの世界の加速度的な導入状況と比べると，日本の場合は導入に陰りが見えるのが現状である．この点については，第3章で分析を加える．

2.2 風力発電に関する社会科学研究の課題

　以上，風力発電の導入状況を，世界レベルとわが国について概観した．風力発電の展開は，その発祥の地デンマークから始まり，ドイツ，スペイン，オランダを中心とした展開を遂げ，UK，フランス，イタリア，ポルトガル，スカンジナビア諸国，地中海沿岸諸国など，ヨーロッパ全域に拡大し，アメリカにおいて

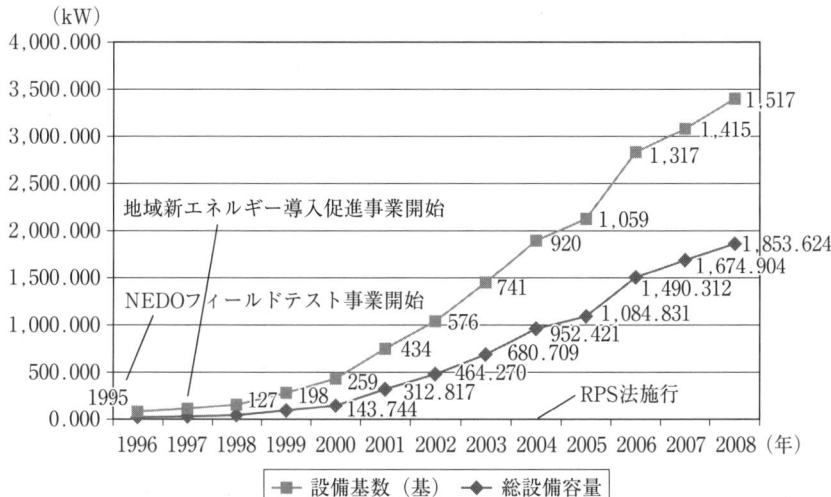

図1-3　日本における風力発電導入量の推移（1996～2008年度末）
出典：NEDO資料により作成

も，1980年代のカリフォルニア州の砂漠地帯からアメリカ全土へ，さらにカナダを含む北米全域へ拡大する勢いを見せている．

　また太平洋諸国においても，オーストラリアを中心に，島嶼諸国へも拡大の兆しがある．そして顕著なのは，中国，インドを中心とする，アジアにおける，近年目覚ましい風力発電産業の成長であり，アジアにおいては，成長の牽引車は，いうまでもなく中国である．中国が新規導入量，累積導入量で，世界のトップに躍り出るのは，もはや時間の問題であるように思える．

　筆者は，2009年6月，韓国済州島で開かれたwwec（world wind energy conference）の年次大会に，論文発表のために参加したが，研究発表と展示・商談にかける，中国人研究者および行政マン・ビジネスマンの熱意を痛切に感じるとともに，中国が，世界の風力発電大国になる日は，間近だと実感した．

　風力発電は，これまで島嶼やへき地にあって，原子力はいうまでもなく，化石系電力源の恩恵に浴することができないか，グリッド接続のために，割高な電気代を支払い，高い燃料用オイルと石炭を買うことを余儀なくされてきた地域においても，京都議定書以降のCDM（Clean Development Mechanism）や，途上国向け経済・エネルギー援助策の支援もあって，風力発電を中心とした，再生可

能エネルギーへの機運が醸成されつつある．かかる動向については，本書では，直接は取り上げなかったが，補論でサーベイした研究の中には，地域の実情を踏まえた，風力発電の利活用に関する，興味深い研究が散見される．論文番号で，[2.11] [2.19] [2.26] [2.33] [3.12] [3.20] [4.1] [4.4] [4.5] [4.8] [4.10] などが参考になる．このような地域にあっては，政府や地域，地方自治体の果たす役割が大きいことを考慮し，本書では，風力利用における自治体の役割を明確にする意図をもって，考察している．

さて，ここで，近代的風力発電の展開を，誤解を恐れずに単純化して述べるならば，デンマークを発祥の地として，オランダ，北東ドイツに展開した，農民・市民（協同組合）所有の風力発電は，今なお，その影響力を色濃く残しているものの，国際ファイナンスと巨大電力会社の影響力のもとにある，デベロッパー中心の大型風力発電所が，風力発電の市場をリードしているといえよう．また，今後も，それが，世界の風力発電のマーケットを開拓し続けることは間違いない．

しかしながら，ここまで風力発電の世界地図の変化を概観したように，今後は，ヨーロッパ風力先進国から，地球上の風が吹く地域の隅々にまで，風力発電が拡大することは間違いない．このことは，風力発電の研究にとって，何を意味するのであろうか．巨大電力資本，ファイナンス，エネルギー支援行政とが三位一体で，グリッド接続を基本として推進する風力発電を「ヨーロッパモデル」とすると，風力発電を推進する各国・各地域の実情に即した，風力発電の展開に関するリサーチが必要になるのではないか．

ところで，風力発電は，いうまでもないことであるが，他の再生可能エネルギー源と同様，地域に分散して存在する１次エネルギー（風）を，電気エネルギーに変換する発電方式であり，石油に代表される化石系エネルギー源が，中央集中型発電・配電つまり電力の大量生産・大量消費方式をとるのに対して，本質的には，地域分散型発電方式である．その意味で，化石系発電方式は，産業革命以降の，大量生産・大量消費をベースにした経済産業構造に，よくマッチした発電方式であった．

この大量生産・大量消費とエネルギー構造が，地球温暖化を中心として，地球の自己浄化力（GAIA：James Lovelock の GAIA 理論[1]）を超えた負荷を与え続けてきたことは，いうまでもないことである．再生可能エネルギーが賦存する

地域は，人間を含む生命の生態系が培われる，生活と生産・労働の場でもある．有史以前から，人類は地域を拠点に労働し，生活し，種を再生産してきたが，グローバル化が限りなく進展し，地域と地域の境界があいまいになった今日においても，基本的にそのありようは変わらない．人類社会は，地域の生態系と環境と共に暮らしていかざるを得ない宿命を背負っている存在である．

だとすれば，再生可能エネルギーの利活用は，単一のモデルによって進められるのではなく，国によって，また地域によって異なる，多様なモデルに従って考察され，技術開発を行い，実現可能な政策へ練り上げ，導入した後先のことまで考えて，実施されるべきではないだろうか．次に，本書の構成を示したうえで，その狙いと目的について言及する．

3. 本書の構成

第1章 風力発電所建設の動向と研究課題

第1章では，風力発電に関する，国際レベルを中心とした研究状況をサーベイし，ついで社会科学的な研究状況を概観しつつ，本書の課題を抽出した．そのために，第2節で，世界レベルでの風力発電の導入状況を明らかにし，国際的トレンドとの関連で，日本の導入状況を確認するとともに．社会科学研究に求められる基本的な視点を提示した．多様な課題設定を持つ風力発電研究を，再生可能エネルギーとの関連，風力発電の政策，経済・経営分析，風力発電と地域経済の，主要ジャンルに分けてサーベイしたが，その結果は，補論に，参考にした文献と論文の一覧を，論文番号を付して収録した．いずれのジャンルも，本書の各章の研究に不可欠なものである．第3節で，本書の構成を示し，第4節で，以上のサーベイ結果を踏まえ，社会科学研究における本書の位置づけと意義についてまとめ，各章相互の関連について言及した．

第2章 自治体所有の大型風力発電所の経営状態

第2章では，自治体大型風力発電施設の現状と，財務運営を財政学的に分析する．財政学的考察は，特別会計の構造分析，公営企業収支分析，起債償還と発電出力との関係が中心となる．本章の対象は，日本における初期の自治体主導大

型ウインド・ファーム，北海道苫前町，山形県庄内町（旧立川町），三重県津市（旧久居市）青山高原，少し遅れて出発した静岡県東伊豆町，御前崎土木事務所の風力発電所である．

　これらの地域では，当初予想した風力発電所の経済性が，一応保たれていることが明らかとなった．しかし，2015～2016年に生じる，風力発電施設の更新・維持を考えると，風力発電所電力の買取価格等，解決しなければならない課題がいくつかあることが明らかとなった．

　本章では，財務分析に焦点を絞って研究し，現状と今後の課題を明らかにした．また，自治体が期待した「まち起こし効果」について，資料に基づいて研究を始め，いくつかの自治体では，風車建設によって町の施設等への来訪者が，数万人規模で増加したことが明らかになっている．この問題については，第4章の「ツーリズム資源としての風力発電」で論じた．

　わが国には，風力発電所を有する自治体が関係する「風力発電推進市町村全国協議会」があり，風力発電所開発事業と様々なかかわりを持っている．したがって，本章で取り上げた市町村以外にも，大型風力発電所を所有する自治体はいくつかあるが，それらについては後続の第3章で分析した．先発組に属する風力発電所の検証に加えて，自治体風力発電所の経営上の課題に言及した．

第3章　日本の再生可能エネルギー促進策と風力発電の動向

　第3章は，日本の再生可能エネルギー促進策（RPS）と，風力発電の動向について分析を行い，RPS制度の施行（2003）後の中間的な検証を行う．まず，RPS（割当制度：Renewable Portfolio Standard）制度と，FIT（固定価格買取制度Feed-in Triffs）の世界的な導入状況を概観し，両制度の考え方の特徴を把握し，日本のRPS制度の仕組みについて述べる．次いで，日本のRPS制度に関して，導入目標量，基準利用量・バンキング，売電価格，導入量の推移などの個別の論点について，RPS法管理ホームページのデータを利用・加工しながら分析を行う．太陽光発電との比較検討も行う．

　本章では，さらに進んで，データの制約から推計に頼らざるを得なかったが，RPS法施行以後に建設された大型風力発電所（鳥取県北栄町風力発電所，山形県八竜風力発電所，島根県江津高野山風力発電所）に関して，キャッシュ・フローに特化した分析を行った．分析結果は，損益分岐点分析に反映させ，RPS

制度下の風力発電所経営の現状の検証に応用した.

第4章　ツーリズム資源としての風力発電

第4章では，風力発電のツーリズム資源としての利活用という課題について考察する．風力発電所建設の初期において，また，最近においても，電力生産や，二酸化炭素の削減といった本来の目的とは別に，ツーリズムという角度から風力発電を利活用するという，風力発電の地域経営との関連での研究課題がある．

日本に特徴的な自治体風力発電は，地域経営の，きわめて今日的な課題と一体となった課題を包含している．遠隔の地にあって，いまだにグリッド接続を持たないか，石油の高騰から再生可能エネルギーへ転換せざるを得ない地域や島嶼においても，再生可能エネルギーの地域経営が求められている．

本章は，かかる課題意識に基づき，わが国で観光施設に併設されて風力発電所が建設された，北海道苫前町風力発電所，新潟県上越市うみてらす名立風力発電所，島根県出雲市キララ・トゥーリ・マキ風力発電所，愛知県田原市蔵王山展望台風力発電所，大分県日田市椿ヶ鼻ハイランドパーク風力発電所の，5つの風力発電所について行った現地調査，観光客への面談式アンケート調査結果等に基づき，ツーリズム振興における自治体風力発電の現状を検証し，地域経営に果たす風力発電の課題と展望を，風力発電の価値という概念規定を援用しつつ検討する．

欧米や途上国の研究でも，風力発電をツーリズムや地域経済振興の観点から取り上げたものが数多く見られ，今後の地域づくりのあり方に教訓を引き出せると考えた．

第5章　風力発電と電力の自給

第5章の目的は，日本の風力発電について，その利用形態が，地域産業などの関連施設への電力供給を目的としたケースを取り上げ，地域産業振興の角度からも分析し，その意義を検証することにある．

それは電力の販売よりも，電力を必要とする施設への電力供給，したがって，自家消費が重要であるところから，A. トフラーによって提唱された「プロサンプション」概念を手掛かりに考察し，発電と電力供給の成果を検証する．取り上げたケース・スタディは，漁業（漁港），観光，農業，道路の4つの分野で，現地聞き取り調査と，データ収集を中心に検討した．電力供給率，補足的に電力自

給率という2つの指標を構築して，相互比較も行いながら，成果の検討を行った．

風力発電の自家発電としての側面についての社会・経済学的検討は，十分に行われておらず，考察された結果は，今後の風力発電の政策面に，活かされると考えたからである．議論の展開は，まず自家発電の意義について触れ，ついでケース・スタディの結果を述べ，地域相互間の比較を行った．最後に，このような検証が意味するところを敷衍し，今後の課題を抽出した．ここでは，すでに述べたように，プロサンプション概念を活用し，電力自給力の向上を目指す，風力発電の質的側面に言及した．

第6章 導入期・静岡の風力発電

第6章では，導入期の静岡県について風力発電所の展開を考察した．静岡県は，東西に長い地形で，風況も地域によって大きく異なっている．風力発電所は，個々の発電所の「点」としてのみでなく，「面」的な広がりをもった空間としても考察される必要がある．第6章では，第5章までで取り上げた御前崎地域の風力発電所を中心に，この面的広がりをもった発電所の展開を考察した．

第7章 分析結果の総合化と展望

第1～第6章まで，日本を中心とした地方自治体系の風力発電所の経営実態と財務分析，さらに地域経済・経営的視点からの分析を行った．風力発電は，地球へ降り注ぐ太陽エネルギーによってもたらされる「風」という自然エネルギーを「電力」という二次エネルギーに変換して，われわれの生活や産業活動を支える．ここでは，その総合的なとりまとめを行った．

以上，地方自治体が中心になって経営する商用風力発電所の財務，地域経営，地域経済振興，ツーリズムへの利活用に関する考察を，再生可能エネルギーの導入促進策と関連させながら展開した．再生可能エネルギーへの展開は，本文でたびたび指摘したように，日々刻々と埋蔵量を減少させる化石燃料の代替エネルギーとして，その利活用はますます重要な政策課題となる．

また，他方で，地球温暖化対策の推進は，国際政治の舞台と地域の両方で，まさに喫緊の課題であり，そのための切り札である再生可能エネルギーの導入促進論議は，ますます熱を帯びてくる．風力発電は，ただ単に電力供給という議論

を超えて，地域経済の振興，雇用，サプライチェーンの育成，国際分業の進展といった，より大きな経済構造の再編成につながる経済政策へ展開することが予想される．

補論　風力発電の社会科学的研究の背景

多様な課題設定を持つ風力発電研究を，再生可能エネルギーとの関連，風力発電の政策，経済・経営分析，風力発電と地域経済の主要ジャンルに分けて100を超える文献・論文についてサーベイした．いずれのジャンルも，本書の各章の研究に不可欠なものである．サーベイ結果を示した後，「参考文献・論文」として，参考にした文献と論文の一覧を，論文番号を付して収録した．

4．本書の位置づけおよび各章の相互関連

日本の自治体所有風力発電所は，風力発電の日本的な展開を検証し，将来展望を行う場合，不可欠な研究対象である．また，その経営実績が特別会計に記録され，議会を通じて公表されるという情報上のメリットを有している．特別会計は，発電という機械工学的存在としての風力発電所の「履歴書」であり，この履歴書を読み解くことによって，風力発電所の「生活」と「人格」を知ることができる．

この特別会計（部分的にキャッシュ・フロー）を使った，自治体風力発電所の分析は，おもに第2章で展開されている．また，自治体風力発電所の建設は，財源面では，日本の中央集権的な行財政構造によって規定されながら進められたが，この点も第2章で考察した．

風力発電の日本的な発展を図るという命題に立脚した場合，再生可能エネルギー促進の制度設計が重要であり，日本の政策パッケージである「RPS法」の分析が必要である．この点の検証は，「電気事業者による新エネルギー等の利用に関する特別措置法」（RPS法）のもとでの導入状況を分析することで，中間決算を明らかにした．第2章と第3章が，先に述べたように，相補いあって，風力発電所の経営とノウハウに関する，社会科学的なハードウェアに関する検証を行

写真1-1　夕陽ヶ丘風力発電所
（筆者撮影 2008年11月）

うのに対して，第4章と第5章は，風力発電所のサービス領域，つまりソフトウェアを扱っている．

ソフトウェアのもう1つの側面は，地域経済振興策につながっていく，風力発電所導入の意義である．苫前町は，日本でも有数の風力発電所の集積地であり，山形県旧立川町（現在は庄内町）とともに，日本の風力発電を先導した地域の1つである．町営風力発電所（写真1-1）の建設の後を追う形で，民間の大型風力発電所が建設され，一躍，風力発電所の名所となった．この風車群の効果を増幅させるかたちで建設されたのが，とままえ温泉「ふわっと」であり，住民参加のもとで計画が進められ，観光施設であると同時に，地域住民のかけがえのないレジャー施設でもある．

地域の資源とノウハウと人材を活用した，この成功事例は，それまでの大規模水力発電電源開発や新産業都市建設，テクノポリス建設やリゾート開発といった，掛け声は「地域の発想で」とはいっても，所詮は外来型の地域開発政策の域を出なかった，それまでの経験とは異なった，地域振興策につながる試みであった．

この視点は，本書全体に共通するものであり，各章での問題意識が織物の縦糸だとすると，内発型振興は横糸に相当する．この縦横の糸を組み合わせて絨毯を織ろうというのが本書の狙いである．

第4章では，このような視点を背景に置きながら，島根県出雲市のキララ・トゥーリ・マキ風力発電所，新潟県上越市のうみてらす名立風力発電所，大分県日田市の椿ヶ鼻ハイランドパーク風力発電所，愛知県田原市蔵王山風力発電所を，ツーリズムの観点から検証した．

第5章では，これを「プロサンプション風車」という概念設定を用いて分析・検討した．エネルギーの「地産地消」に近い概念であるが，経済学的には，もっと広範な経済現象を含み，A.トフラーが，彼の有名な著書である『第三の波』

の中で展開した,「第三の波」の概念を援用し,エネルギー経済学への応用という角度から分析した.第5章で援用した「プロサンプション風車」は,もう1つの横糸であり,この緑色の横糸で,経済のグリーン化を図ろうという狙いをもっている.

第6章では,導入期の静岡県について風力発電所の展開を考察している.静岡県は,東西に長い地形で,風況も地域によって大きく異なっている.風力発電所は,「面」的な広がりをもった空間としても考察される必要がある.第6章では,御前崎地域の風力発電所を中心に,この面的広がりをもった発電所の展開を考察するとともに,第5章のプロサンプション風車の意義を御前崎地域に敷衍して分析した.

そして,第7章で分析結果を総合化し,風力発電の今後20年間の導入見通しを踏まえつつ,再生可能エネルギー経済への展望を行い,その移行プロセスにおける,プロサンプション風車の役割と,地域と地方自治体の役割について展望する.

注

1) James Lovelock (1979), Gaia: *A New Look at Life on Earth*, Oxford University Press
James Lovelock (1995), The Ages of Gaia A Biography of Our Living Earth, W. W. Norton

　　ラブロックは,遺伝子によって生命を次世代へつなぐ生命体とその集合体(生態系)のみではなく,大気,海洋,土壌,場合によっては地殻までを含む,地球的スケールの生命体を構想する.それがGAIA(ガイア)理論である.GAIAは強力な地球生命体の自己浄化力をもっているが,復元が不可能になるほど危機が迫っている.地球温暖化によって人類の生存のみならず,生態系全体が脅威にさらされている今日,風力発電を含む再生可能エネルギー源への移行は,GAIAにとって最も好ましいエネルギー源であり,ラブロックの主張する,地球生理学の重要な研究課題である.しかしこのような課題は,本書の趣旨を大幅に超えるものであり,他日を期すこととなる.

第2章

自治体所有の大型風力発電所の経営状態

1. はじめに

　現在，地球温暖化対策として，CO_2 排出削減が緊急の課題として取り上げられ，諸々の具体的対策が採られ始めている．その重要手段の1つとして，化石燃料に代わる風力，太陽光・熱，バイオマス，潮汐力等の再生型自然エネルギー利用が取り上げられ，その開発が世界規模で進んでいる．その中でも風力発電は大躍進を遂げ，世界の風力発電所は，第1章でみたように，2008年末時点で約120GW に達している．

　その発電量は，設備利用率を25%とすると，1GW 規模原子力発電所46基分に相当する．また，そのビジネス額は，約4兆円と言われている．世界規模で見た2030年の目標値は，260GW[1] である．わが国の風力発電開発は，現在185万kW 程度で，欧米に比べ一回り遅れているのが現状であるが，10年前に比べれば飛躍的に前進が見られている．日本の風力開発を顧みると，初期の自治体大型風力発電事業は，その後に続く，民間デベロッパーによるウインド・ファーム建設の先導的役割を果たし，その意義は極めて大きい．

　第2章では，自治体大型風力発電施設の現状と，財務運営を財政学的に分析する．財政学的考察は，特別会計の構造分析，公営企業収支分析，起債償還と発電出力との関係にとどめ，起債の元利償還の地方交付税措置，収支計画と起債の繰上げ償還・償還計画，自然エネルギーと財源対策などの財政学的課題について

は，今後の課題とする．

　1990年代末年，建設当初の社会的情勢は現在と多少異なり，自治体風力発電所建設には，「CO_2排出削減」よりも，「まち起こしのシンボル風車としての役割」の方がはるかに大きかった．しかし，シンボルとはいっても，投資する金額が数億円に達するため，風力発電所としての経済性は，相当検討された．しかし，当時の風力発電事業を取り巻く世界情勢と，初経験の日本の状況下では，未知数の部分が多数存在した．

　本章での分析の結果，日本における初期の自治体主導大型ウインド・ファーム，北海道苫前町，東北山形県庄内町（旧立川町），三重県津市（旧久居市）青山高原，少し遅れて出発した静岡県東伊豆町，御前崎土木事務所では，一応，当初予想した風力発電所の経済性が保たれていることが明らかとなった．しかし，2015～2016年に生じる風力発電施設の更新・維持を考えると，風力発電電力の買取価格等，解決しなければならない課題がいくつかあることが明らかとなった．

　このような問題に対する関連研究は，ヨーロッパを中心に散見される．例えば，Robert Y. Redlinger らによる，大型集合型風力発電所についての先駆的研究（論文番号［3.2］）[2]，2007年5月のヨーロッパ風力エネルギー会議（EWEC）でのいくつかの研究[3][4]があり，集合型風力発電所の実績を，長期データに基づいて分析し，ファイナンスの課題を提起している．

　また，最近日本でも，NEDOの報告書[5]で，ウインド・ファームの財務分析への提案を行っている．本章では，欧米ではあまり見られない，日本ならではの，自治体所有の大型風力発電所の，公表されているデータに基づいて[6]，財務分析に焦点を絞り研究し，現状と今後の課題を明らかにした．また，自治体が期待した「まち起こし効果」について，資料に基づいて研究を始め，いくつかの自治体では，風車建設によって町の施設等への来訪者が，数万人規模で増加したことが明らかになっている．この点については，第4章で論ずる．

　なお，わが国には，自治体が関係する「風力発電推進市町村全国協議会」があり，風力発電所開発事業と様々なかかわりを持っている．したがって，本書で取り上げた市町村以外にも，大型風力発電所を所有する自治体はいくつかあるが，それらについては，新たにキャッシュ・フロー分析モデルを考え，第3章で分析する．

2. 風力発電所建設地点の概要及び設置された大型風車と風について

2.1 発電実績

　表2-1には，北海道苫前町，山形県庄内町，三重県津市久居，静岡県東伊豆町，静岡県御前崎港の5市町県の風力発電所について，風車ナセル上の年間平均風速，卓越風，設置場所の条件，年平均総発電量，風力発電所総設備容量，年平均稼働率，年平均設備利用率および稼動期間が記述されている．データは，稼動期間の平均で示してある．最大4基で，3,000kWから最小1基のみの1,500kWの範囲にあり，風力発電所は，各自治体財政の体力にあわせた規模になっている．

　ここで理解を助けるため，風力発電所の各部の名称と発電の簡単な構造を説明しておく．写真2-1は，島根県出雲市の風力発電機の写真に，各部の名称を記したものである．

　風車の羽をブレードといい，風向きに対して時計回りに回転する．ブレードが固定されている部分が「ハブ」で，自転車の車輪のスポークが中心で固定されているハブと同じ名称である．通常この地点を風車の高さとし，「ハブ高さ」と呼ばれている．ナセルには発電機が収納され，上部に風向風速計が取り付けられており，風力発電機が常に風上側を向くように，コンピュータ制御されている．ブレードとナセルを支えているのがタワーである．タワーには梯子が取り付けてあり，ナセルまで行くことができる．環境教育のために，ナセルまで見学をさせてくれる風力発電所もある．

　タワーには，発電制御盤があり，タワーを支えるために基礎工事が施されている．東海地区では，東海大地震に耐える構造

写真2-1　風力発電機の各部名称

第2章 自治体所有の大型風力発電所の経営状態　17

表2-1　地域別稼動状況等の比較

	風速 (年度平均)	ハブ高さ	卓越風	設置場所の条件	総発電量 (年度平均)	総設備 容量	稼働率 (平均)	設備利用率 (平均)	稼動期間 (平成)
苫前町 3基	5.8m/s	40m	標高20m・西 北西・東南東	日本海側海岸部	4,153,880kWh	2,200kW	72%	22%	13-18
東伊豆町 3基	6.3m/s	37m	標高430m・西 北西・西	伊豆半島相模湾 側山岳部	4,326,892kWh	1,800kW	70%	28%	16-18
庄内町 立川	5.8m/s	67m	標高20m・東 南・北西	日本海側内陸部	3,010,113kWh	1,500kW	52%	23%	14-18
御前崎 土木	7.9m/s	80m	標高0m・西北 西・西	太平洋側海岸部	4,849,711kWh	1,950kW	64%	28%	16-18
津市久居 4基	7.0m/s	50m	標高800m・西 北西・南東	伊勢湾岸山岳部	7,500,943kWh	3,000kW	77%	29%	12-18

注: 稼働率と設備利用率は、次の式によって計算した。稼働率（利用可能率）＝（風車が運転可能な状態にある時間（hr）÷対象とする全暦時間（hr））×100 ［%］　設備利用率＝（対象期間における総発電量（kWh）÷（風車の定格出力（kW）×対象とする全暦時間（hr））×100 ［%］　風速は自治体の資料によっているので、ナセル上の風向風速計によるデータとなる。各地域の機種と定格出力は以下のとおり。苫前町600kW×2、1,000kW、東伊豆町600kW×3、御前崎土木事務所1,950kW、津市久居榊原750kW×4　卓越風は、各風力発電所の風配図と併せて、NEDO「平成18年度局所風況マップ」
http://app2.infoc.nedo.go.jp/nedo/index.html を参考にした。

設計になっている．配電制御盤からは，光ケーブルでウインド・ファーム事務所に結ばれており，ISDN 回線で遠隔監視される．異常があれば，担当者の携帯電話機にデータが流れてくる．

発電電力は，昇圧変圧基盤，系統連携盤を経て引き込み線へ接続され，ここから高圧送電線へ流れ，一般家庭，オフィス，工場などへ電気が供給される．詳細については，各章の該当部分で説明する．

苫前町は地域振興策としての凧揚げ大会に象徴される．冬場の西よりの風が卓越しており，庄内町は，冬季の北西季節風のみならず，夏場には，日本三大悪風に挙げられる「清川ダシ」が，最上川が流れる谷間を吹き降ろしてくる．また津市久居は，冬場に若狭湾から季節風が入り込み，琵琶湖，青山高原上空を経て，伊勢湾へ吹き抜ける．夏場はその逆をたどり，風の通り道をつくっている．東伊豆町と静岡県御前崎土木事務所の風車が立地する御前崎は，同じ静岡県に位置し，夏・冬ともに西よりの風が卓越している．

平均風速は，一般的に採算の取れるラインである，年 5.5m/s 以上の風に恵まれている．稼働率は事故・故障による運転停止時間を含めた条件で，概ね 65％以上となり，とくに津市久居の稼働率が高く，設備利用率は 20〜30％の範囲になっている．庄内町は 2005 と 2006 年度に，増速機の故障とブレード損傷により，長期間の稼動停止を余儀なくされた．また苫前 2 号機が，2006 年 3 月から 9 月まで，トラブルによって停止した．これらの事故による停止が，表中の稼働率と利用率を下げる原因となっている．

自然の風は卓越風向を持つこと，また風が吹くとき，地面の摩擦の影響を受けるので，一般的に図 2-1 に示すように，地面近くで低速になり，高度が高くなるにつれて高速になる．高度 a 点と b 点の間で，速度差が 3％あるとすれば，風の持つエネルギーには，$(1+0.03)^3 - 1 ≒ 0.09 ≒ 10％$ の違いが生じる．

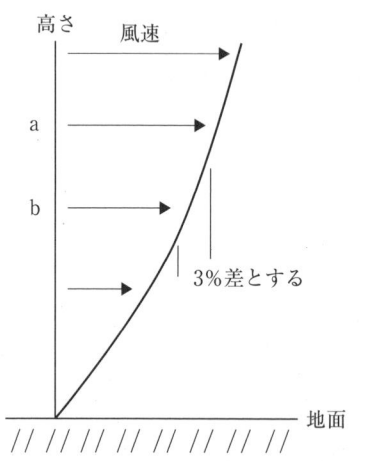
図 2-1　地上の平均的な風速分布
（筆者作成）

したがって，ハブ高さ（風車回転軸の位置での高さ）が高いほど，すなわち，背の高い風車ほど，流入する風のエネルギー量が増え，発電量も大きくなる．正確に言うと，年間平均風速の値も，ナセル上で測定する値と，地上に設置した風速計のしかるべき高さの値とでは，風車の影響が入るため異なる．一般的に，ナセル上の値はブレードの回転の影響で低くなるので，正確な値を求めようとすれば，各々の風車の持つ修正係数をかける必要がある．ここでは厳密さを省略し，ナセル風速をもって「流入代表速度」とみなす．

さて，表2-1中の，苫前町風車の6年間の平均と，御前崎土木風車の3年間の平均値を比較してみる．風車が回っている1年間の割合，すなわち「稼働率」は，苫前72%で御前崎の64%より8%も上回ってにもかかわらず，設備利用率，すなわち発電量割合では，苫前22%で，御前崎28%より6%も低くなっている．この理由は，もともと，年間平均風速が低いという理由以外に，苫前町風車のハブ高さが40mと，御前崎風車80mの半分しかなく，高低差による流入エネルギー量が少なくなる結果も，相当量含まれている．風車導入の初期，約10年前に建設された日本の風車のタワー高さは，全体的にヨーロッパや米国より10～20m低くなっているが，この理由は，航空法による高さ規制（60m規定，90m規定等）があり，その影響である．また，世界的に見て，10年前の苫前町の風車時代は，600kW，高さ50m程度が主流であったが，4年前の2004年の主力機は，出力2,000kW，高さ80m，直径80mと大型化され，しかも，風車技術も一段と進歩し，高性能になっている．

図2-2には，各風力発電所の，実際の各年の総電力売上高を，各発電所の総風力発電設備容量で割った値，すなわちkW当たりの各年の売上高を示す．各発電所で稼動年数は相当異なるが，平均値を比較すると，津市久居2万9,300円/kW，御前崎2万6,700円/kW，東伊豆町2万6,500円/kW，庄内町2万3,800円/kW，苫前2万3,200円/kWになる．津市久居は別格として，2万3,200円/kWから2万6,700円/kWの値が得られ，3,000円前後の差があるのみである．

この結果は，年平均風速の高い順になると考えてよい．久居を別格としたのは，この発電所は，標高800m前後の場所にあり，しかも起伏がある．風の強い地点では，年間平均風速9.5m/sにも達する．このような場所の設備利用率は，30%を超える結果になる．

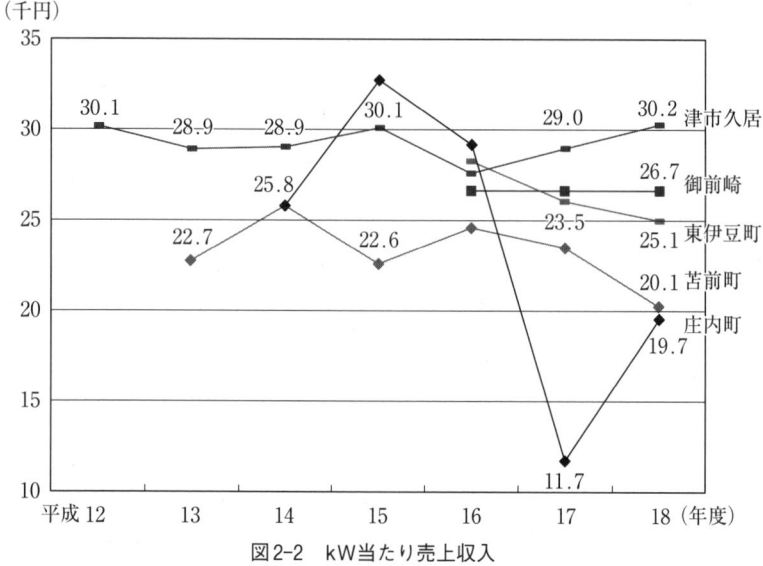

図2-2　kW当たり売上収入

2.2 風力発電所設置によって削減されたCO₂量について

次に，表2-2に，分析の対象にした，5地域の表1-1と同じ稼動期間の二酸化炭素削減量を示す．総発電量に，環境省の「平成17年度二酸化炭素排出係数」を乗じて求めた．合計で，5万6,364tという結果となった．この量を，2007年12月のヨーロッパ CO_2 排出権取引で金銭的に扱うと，31ユーロドル/tであったので，約2億7,400万円（1ユーロ157円として）に相当する．

表2-2　CO₂削減量

地　域	CO₂削減量
東伊豆町	5,867t
庄内町	7,676t
御前崎土木	6,576t
津市久居	23,733t
苫前町	12,511t
合　計	56,364t

3. 各風力発電所の財務分析

3.1 風力発電所の特別会計

自治体風力発電所の財務の判断材料になるのが，特別会計の決算であり，多くの自治体が，風力発電所の財務に減価償却を行わず，特別会計を充てている．特別会計にインプットされている，風力発電所に関する情報を理解するために，東伊豆町風力発電特別会計を示した（表2-3）．公表されている特別会計では，同町のものが，もっとも詳細かつ理解する上で示唆に富む．表の中で，歳入の欄の「雑入」は，表の注にも示したように，風力発電施設損害保険金の支払収入で，歳出の修繕料に充てられている．

表2-3 東伊豆町風力発電特別会計
(円)

	節[1]	2004	2005		節[1]	2004	2005
歳入	利子及び配当金[2]	52	1	歳出	役務費[6]	339,030	422,592
	繰越金（前年度繰越金）	3,459,876	3,332,001		委託料[7]	8,158,500	8,095,500
	雑入[3]	32,996,250	0		使用料及び賃借料[8]	0	315,000
	売電収入	51,918,036	48,401,607		備品購入費[9]		182,910
	収入合計	88,374,214	51,733,609		負担金補助及び交付金[10]	21,000	0
歳出	負担金補助及び交付金[4]	20,000	143,000		（風力発電基金）積立金	30,400,000	19,100,000
	旅費	212,140	792,610		償還金利子及び割引料	3,302,227	3,755,400
	需要費[5]	34,657,616	1,692,144		（一般会計）繰出金[11]	7,931,700	13,500,000
	（内修繕料）	32,996,250	0		支出合計	85,042,213	47,999,157

注）東伊豆町ホームページから引用，組み替えた．
(1) 項目節の節で表示，(2) 風力発電事業基金預金利子，(3) 風力発電施設損害保険金，(4) 風力発電推進市町村全国協議会，(5) 消耗品・印刷製本・高熱水・修繕料，(6) 電話料・町村会総合賠償保険料，(7) 発電施設保安管理委託料，(8) 遠隔監視システム使用料，(9) ノートパソコン等，(10) 全国風サミット参加負担金，(11) 環境政策に充当．

2004年度決算の雑入は，3,299万6,250円で，修繕料の3,299万6,250円と一致している．償還金利子および割引料が330万2,227円で，同年の売電収入5,191万8,036円の6.4%と，後述する苫前町と比較して小さいが，これは，2004年度の段階では，東伊豆町では借入の据置期間にあって，まだ，本格的な償還時期がきていないことによる．東伊豆町では，繰出金は一般会計で，太陽光発電設置への補助や，その他環境対策のために使われている．

風力発電を含む，こうした環境政策に関しては，議会で活発に議論されており，東伊豆町の場合，ホームページとして公開されている．自治体風力発電の研究をする際に心がけたいことは，この議事録を丹念に読むことである．ホームページで公開されていない場合には，現地で閲覧することができる．

このように，風力発電所の経営分析のためには，現地での聞き取り調査と合わせ，特別会計から必要な情報を読み取ることが大切である．風力発電所が，事業体として成り立っているかどうかの判断は，当然のことながら，財務データに基づく分析なしにはできない．ところが，民間の風力発電所の場合には，公的なコンサルタントによる経営診断の場合でなければ，明らかにならないという制約が付きまとう．続く，第3章のRPS制度のもとでの，風力発電所の経営分析にあたっても，この制約をまぬがれず，本書では，特別会計による情報を手掛かりに進めた．

本書で，第3セクターを含む，自治体系の風力発電所を研究対象として扱ったのは，かかる事情によるものであり，財務分析の基礎を固めたうえで，今後，民間デベロッパーの風力発電所の分析に進もうという意図に基づく．

3.2 自治体風力発電所の財務と負債—苫前町の場合—

主要な風力発電サイトの財務分析の，相互比較分析を行う前段として，北海道苫前町風力発電所の財務関係データ[7]を分析し，そこから得られる知見を，他の風力発電サイトにも敷衍して，財務分析を進める．図2-3「苫前町公企業収支実績及び計画表」に，同町のキャッシュ・フロー図を作成して示した．

元のデータは，水道事業特別会計に適用される形式のもので，風力発電所のキャッシュ・フロー・データが，地方公営企業と同じ扱いになっていることは興味深い．地方自治体にあっては，風力発電所は，地方公営企業として位置づけら

第2章 自治体所有の大型風力発電所の経営状態 23

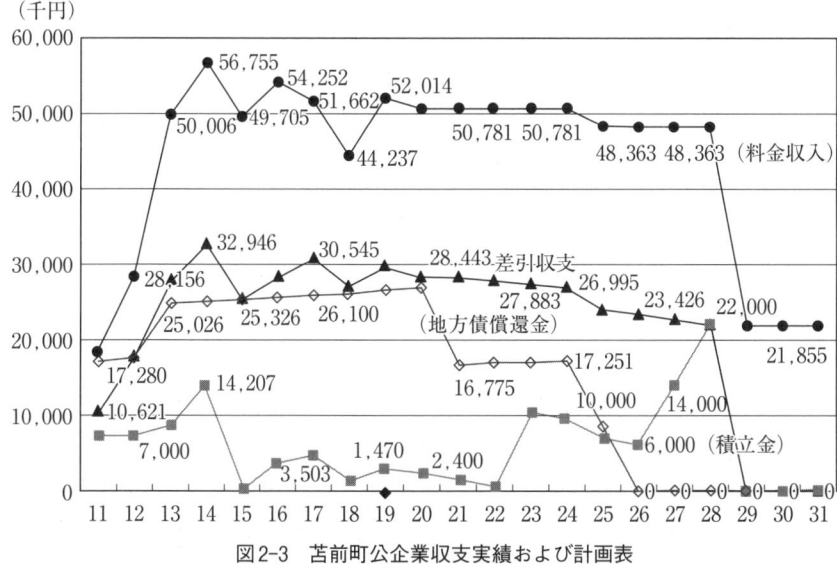

図2-3 苫前町公企業収支実績および計画表

れているといってよい．したがって，風力発電所の研究は，第1章でサーベイしたように，計画・立案，実現可能調査，建設，運営，更新の各プロセスにおいて，財政学的（地方財政）な分析が求められる．

苫前町は，町が経営する3基の風力発電のほか，民間2社の経営になる34基が稼動する，わが国でも屈指の大型ウインド・ファームの集積地である．苫前町営風力発電所の建設は，1998〜2000年度までの年度で進められた．建設費総額は6億9,957万4,518円で，財源は，ほとんどをNEDO等の補助金と起債によって賄い，起債は電気事業債，一般単独債，過疎債を活用し，利率は2.00〜1.30%，比較的低利での借り入れとなった．しかし，平成18年度の元利支払額は2,933万9,328円であり，同年の売電収入4,423万6,831円の66%が，その支払いに消えていく構造になっている．

同町の起債の償還計画は，2015年度末になっている．起債の償還計画を，参考までに37ページの表注1-1「苫前町起債償還計画表」に示した．2007年度の元利支払い額は，2,917万1,648円で，借金支払の重圧のピークから，抜け出しつつある段階にきてはいるが，特別会計の収益構造に重くのしかかっている．

過疎債は，元利償還金の70%が，地方交付税で措置されるので，一般会計と

の関連で考察する必要があるが，同町の過疎債の発行額は，約500万円と小額であるため，立ち入った分析は省略した．2007年度以降の売電収入は，2016年度までは，安定した推移で見込まれているが，2017年4月1日から，理由は分からないが，kWh当たり6円の低価格単価になることによって，売電収入は大幅に減少する．2007年度以降の元利償還額は1億9,586万9,536円で，同じ期間の売電収入見込み額4億5,100万8,000円の43%を，元利支払に費やさなければならない．

苫前町では，風車の故障や事故への財政的対応は，メーカーの保障と役務費に，市町村共済・風力発電事業者協会への保険掛金を計上することによっている．2006年度は，2号機が約7か月間の停止で，1号機の半分の58万1,973kWhの発電にとどまった．そこで，約1,700万円の補償金と雑入（保険金）で，1,500万円の大規模な修繕（委託料に計上）が行われている．毎年度の売電収入から，積立基金に関する条例に基づいて，基金の積み立てが行われる．

3.3 風力発電のキャッシュ・フロー

苫前町では，風力発電所の操業開始から，平成19年度までと，これ以後10年間について，風力発電のキャッシュ・フローが作成されている．苫前町の好意によって，そのデータの提供を受けたので，簡略化しグラフ化したものを，図2-3に示した．平成19年度までは，実際の財務データに基づいて作成されている．後の補論で，風力発電研究の包括的サーベイを行ったが，風力発電研究の中では，初めて示すキャッシュ・フローであると思われる．

平成19年度以降は，計画に基づく推計である．フロー図の中で，平成19年度以降の計画（見込み）に関しては，収支上大きな2つの変化が生じる．1つは，地方債償還金が平成22年度の2,695万8,000円をピークに大幅に減少するため，収支の赤字幅も大きく削減され，地方債の償還の終わる27年度にはプラス・マイナスゼロになることと，売電単価が，平成29年度から6.0円/kWhの低価格単価になるため，売電収入が半減することである．

そのため，風力発電事業は利益を生み出さない収益構造となる．この収支見積りには，公共事業に対する建設補助金，起債とその償還，電気事業者による売電価格，O&M（オペレーションとメンテナンス）などの，主要なパラメータが反

映されているが，基本構造は，補助金の充当によって発電所が稼動し耐用年数が過ぎれば，その使命を終えて利益を生み出さないように完結せざるをえないという，自治体の苦しい立場を反映した，シナリオでくくられていると判断される．

3.4 キャッシュ・フロー試算

さらに NEDO の報告書のシミュレーションモデル[8]に準拠して，キャッシュ・フロー試算を試みた．前提とした条件は，次のとおりである．建設費，補助金，起債は，実際の自治体のデータに依拠したが，データが利用できない場合は，推計値を用いた．起債は15年償還とし，メンテナンス費，保険掛金，人件費も，自治体のデータを用い，推計を併用した．減価償却費は，補助金を収入とみなして計算し，法定耐用年数17年の定額法で求めた．物理耐用年数は20年とした．試算結果の表は，サイズが大きいため省略し，代表例として東伊豆町のケースを図2-4に示した．

図示したのは経常収支（利益），単年度収支（税引き後利益（自治体の場合は非課税なので，経常収支の額−(減価償却費−負債の元金償還金)），そして累積資金収支（前年度累積資金収支＋本年度単年度収支）である．図では，年度の進行とともに，累積資金収支が増額し，基金積立や他会計への繰出しが可能になっ

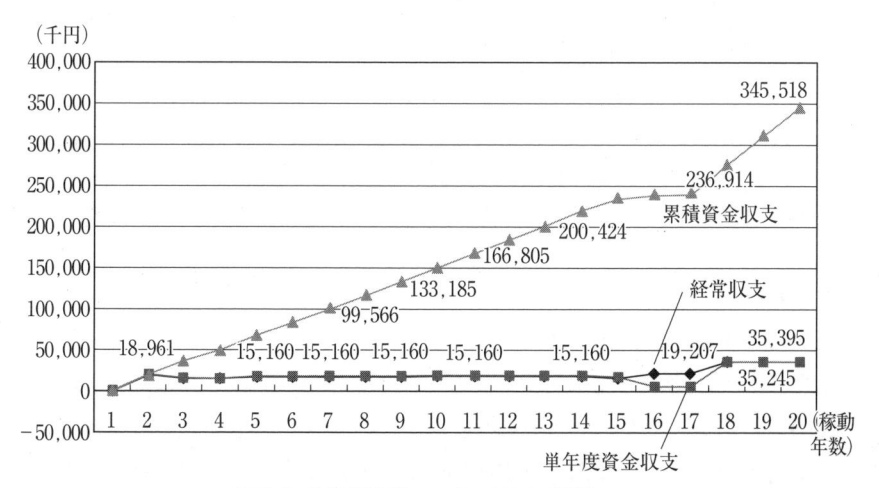

図2-4 東伊豆町キャッシュフロー試算

ていくことがわかる．

　累積資金収支3億4,000万円は，同町の収支計画表の数字（3億円）とほぼ一致しているので，ここでのキャッシュ・フロー計算の有効性を実証している．また負債の15年償還と減価償却が終了した段階で，単年度収支が増加することがわかる．この時点では耐用年数の長い頑丈なマシンと，適切なメンテナンス，早期の減価償却と負債の償還が，風力発電の経営にとって，有利であることを裏づけている．さらに，長期間の発電所の運営に当っては，途中で破損や故障が生じるので，修理のために保険や休止期間の発電量保障等が重要になってくる．これらは，各種保険でカバーされているのが現状である．

　表2-4に，地域ごとの累積資金収支の状況をまとめた．表は簡略化されているが，全稼動予想期間における売電収入から利子，維持補修費，保険金支払，委託金などの運営経費等が支払われ，経常収入が生じ，累積資金が生み出されていくことがわかる．表中で累積資金収支の建設費に対する比率を，「累積資金収支比率」として比較した．苫前の累積資金収支は，同町の公営企業キャッシュ・フロー表の，毎年度積立基金の合計金額を取った．

表2-4　キャッシュフロー試算の結果

（千円）

	苫前町	津市	東伊豆町	庄内町	静岡県
累積売電収入	918,224	1,700,395	921,216	715,400	1,040,000
累積支払利子	44,810	136,512	60,705	44,880	55,688
累積経常収支	125,171	481,516	353,903	361,300	572,033
累積資金収支	124,825	400,379	345,518	361,300	572,033
建設費	699,574	875,545	518,322	340,000	450,000
累積資金収支比率	18%	46%	67%	106%	127%

3.5　負債償還と発電能力の関係

　図2-5には，各風力発電所のkW当たりの元利返済額を示す．図から明らかなように，各市町で資金調達方法が異なるため，毎年の返済額には，苫前町を除いて，1万200円/kWから1万2,800円/kWの間で，2,600円の差があるのみである．苫前町の返済方法も特徴があり，十分工夫がうかがえる．

第2章 自治体所有の大型風力発電所の経営状態

　ここで見られる特徴の第2点目は，庄内1,500kW風車，御前崎1,950kW風車は，日本の国内輸入風車価格が，相当下落した2002～2004年に購入されており，その結果，返済額は低下している．図2-6には，kW当たりの利子の返済額を示す．苫前町は，平成20年で1,200円/kWで負担が下がり，今後が楽しみである．一方，他の市町では，計算上定額返済になっていて，1,900円/kWから

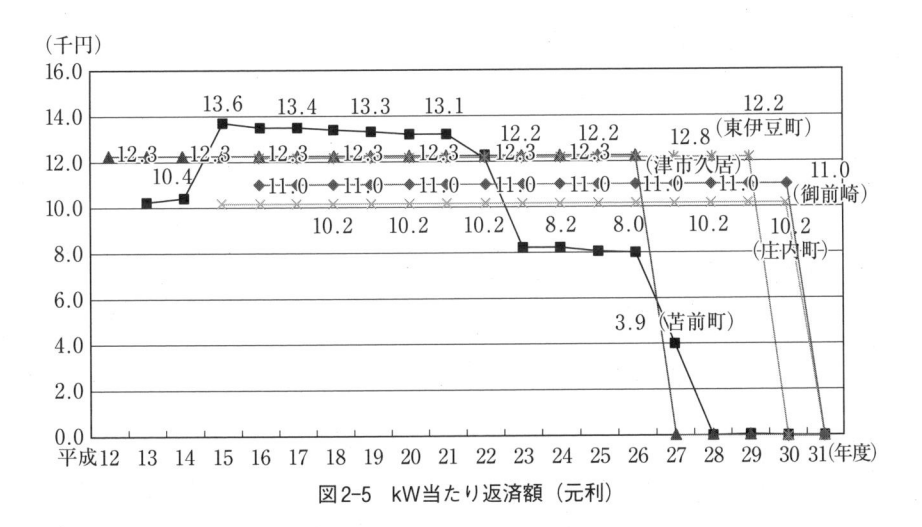

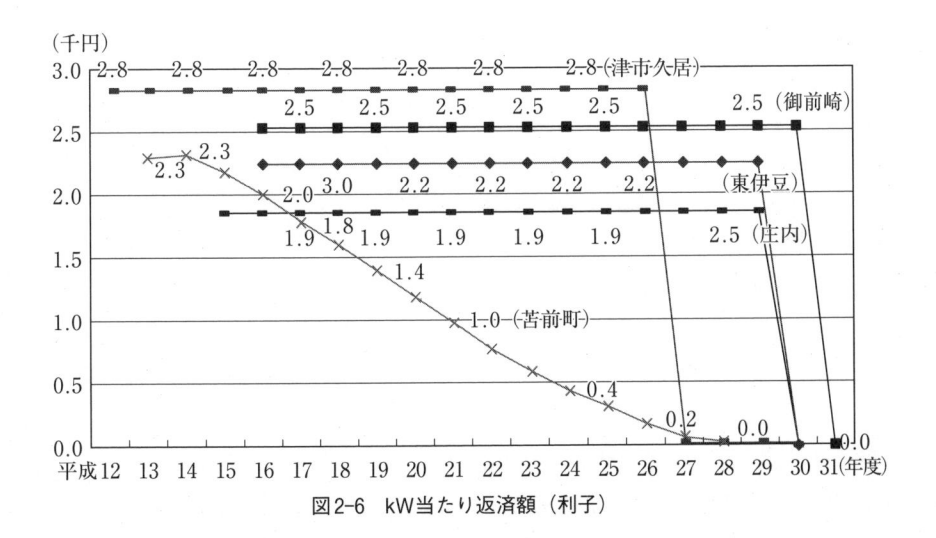

図2-5　kW当たり返済額（元利）

図2-6　kW当たり返済額（利子）

2,800円/kWの範囲にある．庄内町，御前崎，東伊豆の風車では，購入価格の低下によって，借り入れ金額が相対的に少なくなり，金利負担が低下している．図2-5および図2-6により，元利返済額，利子返済額を見ると，最近の風車価格の低下が，プラスの効果を生じていることがよくわかる．価格が低下したとはいえ，ヨーロッパ現地価格に比べ，まだまだ高いのが現状である．世界の大型風車供給体制を見ると，現在発注すると，風車入手は2～3年後になり，著しく品薄で，供給不足が続いているという状態である．しかし，プラスの面も生じてきている．大型風車2,000kWクラスの国内生産が3～4社に拡大してきていて，将来が楽しみである．

4. 損益分岐点分析

4.1 建設補助金を収入と考える場合の損益分岐点

以上で，風力発電の基本財務構成を検討したので，次に，以上の分析を補うために，風力発電所の損益分岐点分析を行う．損益分岐点とは，事業が成り立つための最低限の売上高のことで，原価償却と債務の返済を計算に組み入れ，一定の事業期間の固定費と変動費を求め，事業存続の分岐点になる売上高が明らかとなる．

つまり，どれだけの売電収入があれば，風力発電の維持に必要な経費を賄って，事業体を維持できるかの，売上の理論値を求める．その際，建設時の補助金を収入と見る，つまり風力発電所本体の耐用年数到来後の建設の際に，補助金が支出されると考えて，損益分岐点売上高を求めた．まず，2005年度特別会計から読み取れるデータをもとに，苫前町の損益分岐点売上高を求めた．まず，固定費を資本回収法によって求めたが，計算はNEDO「風力発電の経済性の検討」[9]に準拠した．計算式は，固定費＝建設コスト×年経費率＝建設コスト×$(r/1-(1+r)^{-n})$．この場合の建設コストは，実際にかかった建設コストから，補助額を差し引いた額とした．ここで　r：金利（2%）n：耐用年数17年とした．年経費率は，計算によって0.06996984が求められる．変動費は，ここでは特別会計歳出中の償還金利子支払および割引料，基金積立を除く歳出をとった．変動費率

は，変動費／売上高．損益分岐点は，固定費／(1－(変動費／売上高))によって求められる．計算結果を表2-5に示した．それをグラフ化したのが図2-7である[10]．図のX軸，Y軸に，同じ売上高の値がとってあり，総費用，損益分岐点，売上高は，XとY軸の双方の目盛りに対応しているが，固定費はY軸に対応している．損益分岐点売上は，計算結果で5,105万7,537円となり，売上(売電収入)の5,171万2,755円が，若干これを上回って，将来の更新に備えて，まずまず稼いでいることが分かる．2005年度の庄内町1500kW機について試算したのが，図2-8である．庄内町では，2005年度の長期間の稼動停止により，事業収入が，前年度の4,374万1,079円から，1,759万7,861円へと，半分以下に落ち込んだ．そこで，2005年度は，修繕に充てられた雑入(保険金支払額)を，事業収入に加えた売上高で，損益分岐点売上を求めた．図2-8に見られるように，売上高が損益分岐点に700万円弱不足しているものの，保険金(1,170万6,628円)が，当該年度の赤字をカバーしている．2006年度の，同じ故障と事故に対しては，4,183万8,785円の保険金で対応した結果，売電収入の減少を補っ

表2-5 平成17年度苫前町風力発電の損益分岐点 (単位：千円)

売上高	固定費	変動費	損益分岐点	利益	総費用	変動費率
51,712	34,100	17,174	51,057	437	34,100	33%

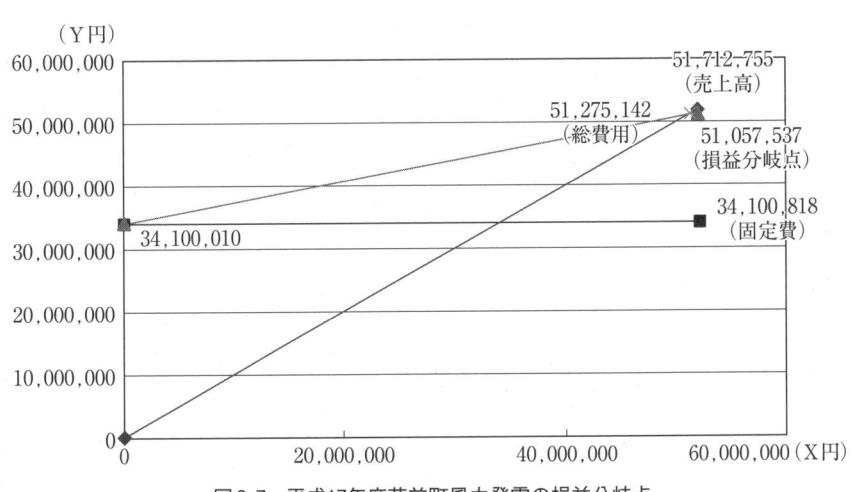

図2-7 平成17年度苫前町風力発電の損益分岐点

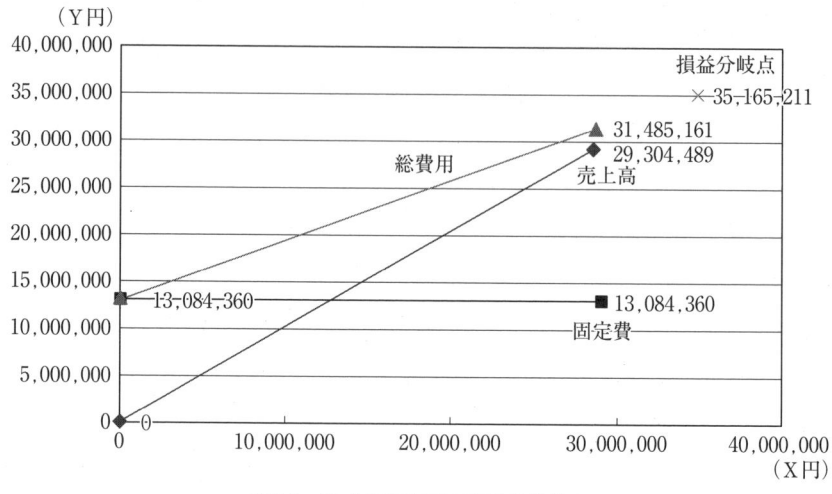

図2-8 平成17年度庄内町損益分岐点

て，2,400万円の基金積立が可能になった．

　苫前町では，メーカーの補償金が入ることで，不測の事態に対応できる．このように，機械保険と保障制度が，風力発電の収益構造を下支えしていることが，損益分岐点分析により明らかになった．

　三重県津市青山高原風力発電所と，静岡県御前崎土木事務所風力発電所の結果は，図2-9と図2-10に示した．この2つの風力発電所は，平均風速が7mを超えるレベルであり，設備利用率が30％に達することから（前掲表2-1参照），損益分岐点を超える位置に売上高があり，経営パフォーマンスがよい．御前崎土木風力発電は，ハブ高さが80mの新鋭機であることが好成績につながった．

　津市久居，庄内町，東伊豆町風力発電所の分析結果は表2-6に一括表示した．表2-6では，損益分岐点売上高比率＝（事業収入／損益分岐点売上高）×100とした．この比率が，100を超える場合，最低限の売上高を確保している．

　各地域とも，2005年度を基準年度としたが，庄内町では，先ほど述べた理由から，損益分岐点売上高比率が83％にとどまっている．風車が順調に稼動した2004年度では，数字の結果は非常に良い．苫前町の，号機ごとの分岐点を求めた結果，2号機の不調を3号機の好調が，それをカバーしていることがわかる．

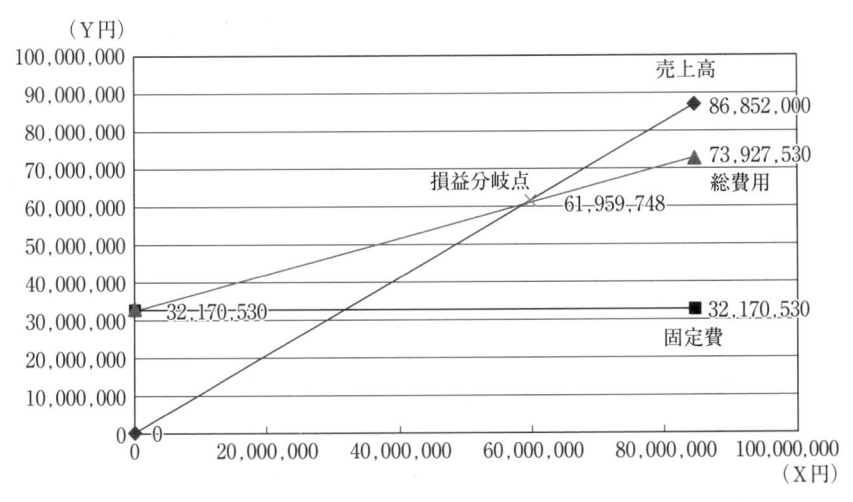

第 2 章　自治体所有の大型風力発電所の経営状態　*31*

図2-9　平成17年度津市久居損益分岐点（補助金を収入とみるケース）

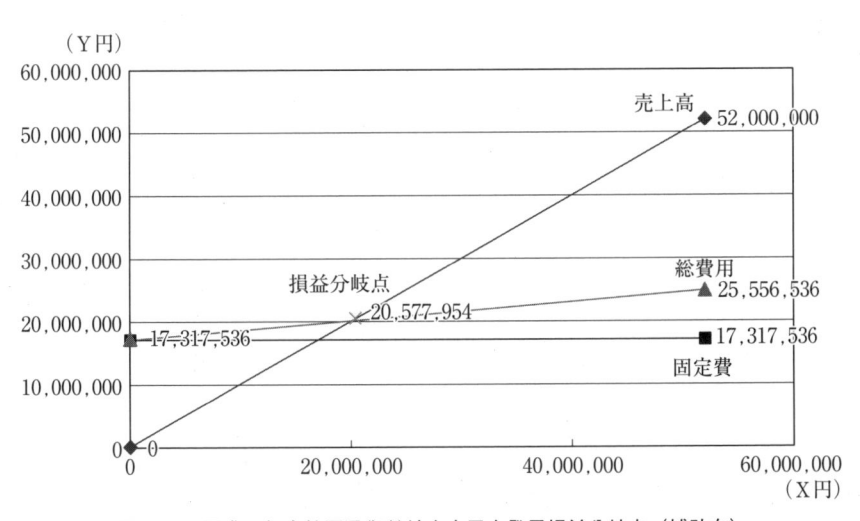

図2-10　平成17年度静岡県御前崎土木風力発電損益分岐点（補助有）

表2-6 風力発電損益分岐点売上高比率の比較

(千円)

	苫前町1号機	苫前町2号機	苫前町3号機	苫前町(3機計)	東伊豆町	庄内町立川	庄内町立川	津市久居	静岡県御前崎
損益分岐点売上高	13,117	15,119	11,284	51,057	42,040	18,858	35,165	61,959	20,577
事業収入	13,736	13,058	24,885	51,712	51,712	43,741	29,304	86,852	52,000
損益分岐点売上高比率	105%	86%	221%	101%	123%	232%	83%	140%	253%
年度	2005	2005	2005	2005	2005	2004	2005	2005	2005

4.2 上積み売電価格を求めるシミュレーション

次に，同じ損益分岐点分析によって，自治体風力発電所が，耐用年数到来後に，円滑に設備を更新できるのに必要な売電価格を求めた．収入をYとすると，Y_1(事業収入＝売電収入)＋Y_2(価格差収入＝損益分岐点売上高に不足する売電収入)＝Y_{1+2}(損益分岐点売上高)である．また，売電価格Pは，P_1(電力会社への売電価格)＋P_2(Y_2に対応する売電価格)＝P_{1+2}(損益分岐点売上高売電価格)である．E(年間発電量)×P_1＝Y_1　E×P_2＝Y_2　であるから，E×(P_1＋P_2)＝Y_{1+2}　P_2＝Y_{1+2}÷E－P_1，すなわち，自治体風力発電所を円滑に更新するために必要な，いわば「上積み売電価格」P_2とでもいうべきものが得られる．

いま苫前町，東伊豆町，庄内町，津市の特別会計から，稼動期間の損益分岐点売上を求め，それを事業収入とみなして計算すると，表2-7のようになる．計算方法は，更新費用を捻出するために，変動費に公債費と積立金を含めた．東伊豆町については，2007年度予算の公債費を用いた．この試算では，更新時に補助金制度が存続しているとして，事業を継続するためには，あと2～3円の売電価格の上積みが必要であることを示している．

表2-7 上積み売電価格シミュレーション

	苫前町	東伊豆町	庄内町	津市久居
Y_1：事業収入（千円）	51,103	50,160	35,771	85,015
Y_2：価格差収入（千円）	13,156	8,830	7,364	−26,025
Y_{1+2}：損益分岐点売上高（千円）	64,259	58,990	43,135	58,990
P_1：適用売電価格（円）	11.95	11.20	11.50	11.7
P_2：価格差補給売電価格（円）	3.1	2.0	2.4	−3.6

ここで，この不足する金額は，経営を存続させるのに必要な理論値である損益分岐点を満たすための，最低限の価格であることに注意しなければならない．筆者は，この結果をもって，自治体や民間企業の財務の担当者に，聞き取り調査をした際に，感想を求めたところ，「5〜10円くらいの引き上げが必要だ」との意見が寄せられた．

　津市久居は−3.6円となり，現状価格でも，更新時には，現行と同じ補助金をもらうことによって，継続が可能になるという結果になる．この結果は，風が特に強いためであるが，その反面，高い稼働率の結果，今後，機械に故障・破損が生じる可能性が高くなるので，メンテナンス経費が，極端に高くなることが予想される．また別の自治体への聞き取り調査では，自治体風力発電の推進のための最大の課題は，風力発電の自立的経営が可能となる売電価格の保証であった．その論拠がここでの分析によって立証された．

5. 結　　論

　以上の考察結果から，次のような結論を得た．地方自治体が，風力発電事業を行う場合，地域の自立の観点に立って，地球温暖化対策に寄与しながら，地域の自立につながる，風力発電所経営の自主戦略を展開することが必要である．例えば，苫前町のキャッシュ・フロー・データを見ると，平成19年度までは，順調に返済が進行している．さらに，人件費その他経費を差し引いた，残りの純利益（積立金）が4,700万円生じている．元金プラス利息の完済は，2015年であるが，それと期を同じくして，電力買取料金が6円/kWhに半減する．その時期に風車そのものも寿命に達するので，修理費がかさみ始める．そのため，風力発電設備を廃棄して，事業を中止せざるを得なくなる可能性が生じる．

　いずれにせよ，現行の積立金では，人類の課題である継続的CO_2削減事業が苦しくなる．津市青山高原風力発電所，山形県庄内町（旧立川町）風力発電所においても，最終的に，金額には大小は生じるが，類似の結果が生じてくる可能性がある．

　次世代に継続的に風力発電所を残すには，以下に述べる提案を組み合わせた

り，単独で実施されることが望まれる．

① 電力買い取り価格を値上げし，積立金がスタート時の建設費2分の1補助相当額になるようにする．国の政策当局は，明確な固定価格買取り制度を樹立し，法律で義務づけることが望まれる．
② 設備更新の時期になったら，従前通りに国の補助金を交付する．
③ 現行の風力発電所の規模を拡大して，10年後の積立金で，廃棄時期に達した風力発電所の設備更新を行う．現在，風車1機の規模が2,000kW以上になってきているので，例えば，立地点が十分確保できる苫前町では，2,200kWを10倍，すなわち2,000kW風車を11基建設すればよい．現在の大型風車の性能は向上しているし，風車自体の故障率も相当低くなっているので，この方法は現実的である．
④ 利息負担を軽減し，積立金を増加させるため，可能であれば元金の繰上げ・早期償還を行う．あるいは低利のものへ借り替える．
⑤ 大型風力発電の立地点は，財政基盤の弱い過疎地や，中山間地域に展開せざるを得ないので，このような条件下にあって，風の強いエリアを持つ自治体が広域連合して，スケールメリットを生かし，収益力を高めた大規模集合型風力発電所を建設する．あるいは，風況のよい大規模港湾を持つ場合には，このような地域との連合体を構成し，スケールメリットを生かした，集合型の風力発電所の経営を行うことが望まれる．

注
1) "Wind Force 12, Edition 2003" European Wind Energy Association, GREENPEACE
2) Robert Y. Redlinger, Per Dannemand Andersen and Poul Erik Morthorst. (2002), *WIND ENERGY IN THE 21st CENTURY* (UNEP) この文献の中で，第4章が Economics of Wind Farm というタイトルで分析を行っている．
3) Marthias Herman, Marthias Henke, Dr. Patric Kleineidam, PORTFOLIO EFECT OF DIVERCIFIED RENEWABLE ENERGY SOUCES, Proceedings of EWEC 2007, MILAN, ITALY, Business & Policy Track
4) G. Timmers, L. D. Botzen, Wind and power derivatives in project financing
　Stuart Hall M. Eng, Neil Douglas, Graeme Hawker, Releasing wind farm equity via post-construction yield analysis, Proceedings of EWEC 2007, MILAN, ITALY, Business &

Policy Track

5) NEDO「平成18年度風力発電利用率向上調査委員会および故障・事故等調査委員会報告書」平成19年3月
6) ここで，一括して本論文で利用した風力発電関係データを市町別に示す．ホームページに公表されているものは（HP）と記した．苫前町：「起債償還年次表」「基金積立状況」「公営企業収支実績及び計画表」「年度別風力会計決算」「補助金内訳」「年度別発電量実績」 庄内町：「年度別決算」「発電量の実績」「風力発電施設稼動状況」「立川町ウインドファーム整備事業」 東伊豆町：「風力発電事業収支計画」「事業概要」「東伊豆町に吹く風」「運転状況」「風力発電事業決算」「売電計画」（以上東伊豆町HP） 津市：「久居榊原風力発電施設各年度決算額及び発電電力量」「津市における風力発電事業の取り組みについて」「平成18年度歳入歳出決算書」 御前崎港：「御前崎港風力発電施設稼動状況」（御前崎土木事務所だより53, 64, 65号：HP）「総合コスト縮減事例」（HP）
7) 苫前町前掲「公営企業収支実績及び計画表」による．以下苫前町については，すべて同町の資料によっているが，筆者が必要に応じて加工した．
8) 注5のNEDO前掲報告書, p.59
9) http://www.nedo.go.jp/nedata/16fy/03/g/03g001.pdf （アクセス，2010.1.20）
10) ここで，損益分岐点分析と結果の図の読み方について，本文での説明と重複するが，簡単に説明しておく．ここでは，仮想上の商店A（次頁の表注2-1）について，ある会計年度の財務

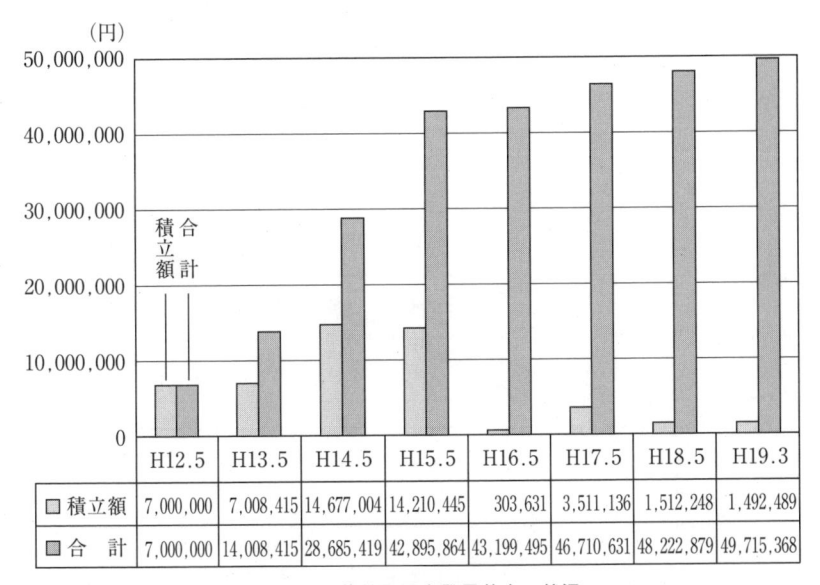

	H12.5	H13.5	H14.5	H15.5	H16.5	H17.5	H18.5	H19.5
積立額	7,000,000	7,008,415	14,677,004	14,210,445	303,631	3,511,136	1,512,248	1,492,489
合計	7,000,000	14,008,415	28,685,419	42,895,864	43,199,495	46,710,631	48,222,879	49,715,368

図注2-1 苫前町風力発電基金の状況

データから，売上高，固定費，変動費を求め，それぞれ5,000千円，1,600千円，2,400千円だとする．固定費は，商店の経営に必要な，どうしても出費しなければならない費用であり，減価償却費，人件費，光熱水費などである．変動費は，商店経営の存続に必ずしも必要でない費用，例えば広告費，交際費などである．利益は売上高から費用を差し引いた額で，1,000千円となる．表の右はグラフ用のデータで，「調べる売上高の範囲」，「売上高」，「固定費」，「変動費」と「総費用」が，それぞれ最小値と最大値で入力されている．

「変動費比率」は，変動費を売上高で割った値で，このケースでは48%である（2,880千円/6,000千円）．

さて，損益分岐点であるが，これは固定費／（1－(変動費／売上高)）＝固定費／（1－変動費比率）で求められ，値は3,077千円である．損益分岐点は，企業経営の存続に必要な最低限の必要売上高であり，利益も損失も出ない理論上の売上高である．つまり，企業経営に求められる最低限の売り上げであり，売り上げがこの点を下回ると，経営は破たんする．

このようにして求められた結果を，グラフにしたのが次の図注2-2である．グラフは，目盛

表注2-1　A商店の売上高と経費

（単位：千円）

売上高	5,000
固定費	1,600
変動費	2,400
損益分岐点	3,077
利益	1,000

グラフ用データ	最小値	最大値
調べる売上高の範囲	0	6,000
売上高	0	6,000
固定費	1,600	1,600
変動費	0	2,880
総費用	1,600	4,480
変動費率（原価率）	48%	

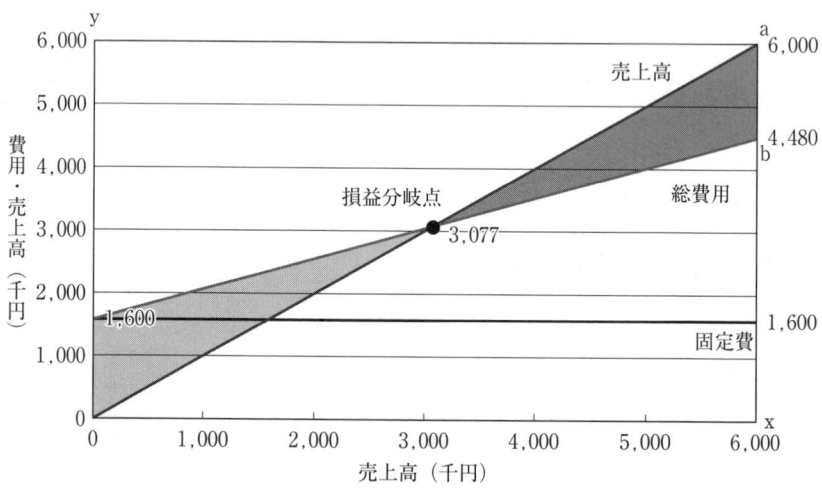

図注2-2　A商店の損益分岐点（サンプル）

の入った方眼紙に手書きで作成できるが，ここでは，ネット上で無償配布されている簡単なソフトを使って作成している．座標には縦軸（y）に費用と売上高をとり，横軸（x）に売上高をとる．総費用と固定費はy軸に，売上高はy，xに対応して，ゼロから6,000千円まで動きうる．固定費と変動費の仕分けをどのように決定するかは，非常に難しい問題だとされるが，このサンプルでは，固定費が小さく，したがって変動費率（原価率）が低くなっており，売上が好調であるために，損益分岐点が売上高を大幅に下回っている．逆にいえば，売上高が損益分岐点を大幅に上回っているために，図では売上高と損益分岐点，それに総費用を結ぶ三角形（aとbと損益分岐点を結ぶトライアングル・エリア：濃いグレー）の面積が大きい．損益分岐点は，あくまでもその事業体が存続できる最低限の売り上げだから，売上高がそれを上回っている限り，つまり図では濃いグレーの面積の中から，商店経営のために必要な様々な出費，例えば従業員の法定福利以上の社員旅行であるとか，他店との差別化に必要な新商品の仕入れであるとか，店舗の改築の費用などに，支出することが可能なことを意味している．逆に，売り上げが不調で損益分岐点を下回ってしまうと，経営は成り立たない．

以下，自治体風力発電の経営分析に，このサンプルで示したのと同じ分析原理を適用したが，

表注2-2　苫前町起債償還計画表

（単位：円）

	元金合計	利子合計	（元金＋利子）合計	年度末残高		
				元金	利子	元金＋利子
1999	0	1,672,243	1,672,243	319,800,000	43,143,740	362,943,740
2000	0	3,275,216	3,275,216	319,800,000	39,868,524	359,668,524
2001	17,468,842	5,059,881	22,528,723	302,331,158	34,808,643	337,139,801
2002	17,771,087	5,135,683	22,906,770	284,560,071	29,672,960	314,233,031
2003	25,025,850	4,816,518	29,842,368	259,534,221	24,856,442	284,390,663
2004	25,287,154	4,387,534	29,674,688	234,247,067	20,468,908	254,715,975
2005	25,553,223	3,953,785	29,507,008	208,693,844	16,515,123	225,208,967
2006	25,824,139	3,515,189	29,339,328	182,869,705	12,999,934	195,869,639
2007	26,099,996	3,071,652	29,171,648	156,769,709	9,928,282	166,697,991
2008	26,380,883	2,623,085	29,003,968	130,388,826	7,305,197	137,694,023
2009	26,666,892	2,169,396	28,836,288	103,721,934	5,135,801	108,857,735
2010	26,958,120	1,710,488	28,668,608	76,763,814	3,425,313	80,189,127
2011	16,774,661	1,288,187	18,062,848	59,989,153	2,137,126	62,126,279
2012	17,076,616	986,232	18,062,848	42,912,537	1,150,894	44,063,431
2013	17,162,917	678,764	17,841,681	25,749,620	472,130	26,221,750
2014	17,250,509	370,005	17,620,514	8,499,111	102,125	8,601,236
2015	8,499,111	102,125	8,601,236	0	0	0
	0	0	0	0	0	0
合　計	319,800,000	44,815,983	364,615,983			

出典：苫前町資料

利用するデータが異なるので，この点については本文で説明しながら論述した．

〈補注〉本章は瀬川久志・清水幸丸 (2008)「自治体所有の大型風力発電所の経営状態に関する財政学的考察　第1報」(日本地方自治研究学会『地方自治研究』Vol.23, No.2) に加筆修正して収録した。

0# 第3章

日本の再生可能エネルギー促進策と風力発電の動向

1. はじめに

再生可能エネルギー促進策に関しては，よく知られているように，割当制度（quata system ないしは RPS 制度）と固定価格買い取り制度（Feed-in Triffs）の2つの制度が併存し，その制度の優劣に関しては，複雑な政治状況を背景に持ちながら，議論がある．国際的な研究のサーベイを，補論で行ったところであるが，ここでは，そのような議論には立ち入らないで，RPS 制度で制度設計が行われている日本の状況について，はたして同制度が，風力発電の導入に功を奏しているのか否か，考察することを目的としている．

日本の再生可能エネルギー促進策に関しては，その導入の前後より，様々な議論が行われ，じつに喧しい状況である．風力発電との関連で行われた，学術的な内容をもった研究としては，補論「1. 再生可能エネルギーと風力発電」でサーベイした，木村の研究があげられる．同研究では，再生可能エネルギーの，電力市場の自由化の流れの中での，RPS の制度論が検証され，RPS をどのように制度設計することが可能なのかについて論じられた．2004年度末までの，日本のRPS 市場実績から，その問題点が論じられ，その問題の原因となっている，制度上の課題が明らかにされている（論文番号 [1.6]）．

本章の研究は，新たに利用できるようになった，RPS 関連のデータによって，分析の精度を向上させたものである．このように，第3章は，日本の再生可能エ

ネルギー促進策（RPS）と風力発電の動向について分析を行い，RPS制度の中間的な検証を行う．初期に導入された風力発電所の財務分析から，直近の風力発電所の財務分析に論を展開させた．

まず，RPS制度とFITの世界的な導入状況を概観し，両制度の考え方の特徴を把握し，日本のRPS制度の仕組みについて述べる．次いで，日本のRPS制度に関して，導入目標量，基準利用量・バンキング，売電価格，導入量の推移などの個別の論点について，RPS法管理ホームページのデータを利用・加工しながら分析を行う．太陽光発電との比較検討も行う．

本章では，さらに進んで，データの制約から推計に頼らざるを得なかったが，RPS法施行以後に建設された大型風力発電所（鳥取県北栄町風力発電所，山形県八竜風力発電所，島根県江津高野山風力発電所）に関して，キャッシュ・フローに特化した分析を行った．分析結果は，損益分岐点分析に反映させ，RPS制度下の風力発電所経営の現状の検証に応用した．また，デンマークの協同組合所有風力発電所である，ミドルグルンデン風力発電所，ドイツのWind Park Wybelsumer Polder（WWP）との比較も行った．

2. RPSとFIT

日本の風力発電の現状を検証するためには，再生可能エネルギーの促進に関する2つの制度，つまりRPS（Renewable Portfolio Standard：割当制度）とFIT（Feed-in Tariffs：固定価格買取り制度）を見ておく必要がある．RPS制度とFITは次のように説明できる．

RPSは，再生可能エネルギーの利用の促進のための政策手段で，電力会社に対して，その販売する電力の一定部分を，再生可能エネルギーで調達するように，義務づける制度である．再生可能エネルギーを生産する電力会社は，その生産する電力に対して証書を受け取り，電力供給会社への電力販売とともに，その証書を売ることができる．

ついで，電力会社はその証書を，割り当てられた義務の履行の証明のために，専門的機関へ譲渡できる．それが，市場での取引の標準となるところから，RPS

は，市場原理に立脚することになる．したがって，RPS制度には，市場原理の効率とイノベーションが働き，再生可能エネルギーの利用が，競争原理の中で，もっとも安いコストで供給できるという主張になる．次に説明するFITが，政治家によって支持されるのに対して，RPSは経済学者によって主張されるといわれる．

他方，FITもまた政府の規制（介入）によって，再生可能エネルギーの促進を図ろうとする政策手段である．この制度によれば，全国的または地域的な電力会社は，再生可能エネルギーを，政府によって決定される市場価格以上で，電力を購入しなければならならず，再生可能エネルギー供給業者は，高い販売価格を保証されることによって，その生産にかかる，競争上の不利をカバーすることができる．再生可能エネルギーの価格は，その種類によって異なるのが普通である．また，再生可能エネルギーの導入の進展に対して，その価格保証を低減させる方式をとっている．そのために，再生可能エネルギーの促進が進み，政策手段としての優位性が語られることが多い．

2.1　ドイツのFITs (Feed-In Tariffs)

1990年にStrmeinspeisungsgesetz (StrEG) という電力Feed-In法が制定され，小規模水力と風力発電に対し，末端ユーザーに適用される電力料金の65％から90％とするという，「パーセンテッジ方式」の料率が始まった．2000年の「再生可能エネルギー促進法 (Renewable Energy Sources Act) (EEG)」は，料率の差別化を図り，適用される再生可能エネルギー技術の範囲を拡大し，StrEGによるパーセンテッジ方式を，20年間の固定価格制へと切り替えた．かかる好条件のもとで，例えば北東ドイツのエムデン (Emden) の風力発電WWP (Wind Park Wybelsumer Polder) は，操業を開始した．

2004年のEEGの改正による料率は，毎年料率を低減させるものであったが，かなり高く設定され，再生可能エネルギー技術の違いにより1〜6.5％とするものであった．法律の重要な要素は，再生可能エネルギー電力の優先購入義務であり，電力会社は，再生可能電力事業者の電力を，グリッドに接続して供給しなければならないとするものであった（再生可能エネルギーの優先的利用に関する法律，第3条）．

こうして，既存の発電は発電量を削減せざるを得ず，再生可能エネルギーに対する投資を刺激し，発電すれば売れるという見通しを確実なものにした．結果，ドイツでは再生可能エネルギーの全電力消費に占める比率が，2005年の10.2%から2006年の11.8%に上昇した．2000年から2004年までに，再生可能電源は13.6 TWhから34.9 TWhへ増大した．風力発電とバイオマスからの電気は，この期間に倍以上に増大した．

2.2 デンマークの再生可能エネルギー促進策

デンマークの再生可能エネルギー支援策には，いわゆる二酸化炭素税を含むグリーン税制（1995）による税収が充当されることが特徴であり，明確に化石燃料使用による「外部不経済（費用）の内部化」を意図したものである．補論のサーベイで，環境経済学における，「社会的費用論」に基づく研究をいくつか見たが，デンマークの環境法体系にこの議論が適用されていることは，興味深い事実である．

風力発電の支援策は，まず第1に，研究開発に対し，4,000万 DKK／年が支給されるほか，第2に，ランニング・コスト補助金がある．これは電力生産への誘因として，0.17DKK/kWh，二酸化炭素税による外部費用の内部化措置として0.10DKK/kWh，合計0.27DKK/kWhが適用され，「電力生産補助金」とも呼ばれる．この電力生産補助金は2000年1月1日からグリーン電力証書の交付（0.10-0.27DKK/kWh）へ移行した．第3に，建設補助金であるが，これは熱電供給バイオマス・プラントに認められ，風力発電は適用外となっている．建設補助金を支給する日本の場合とは支援設計が基本的に異なる．電力生産補助金は，1998年には再生可能エネルギー全体で，7億300万 DKK であったが，うち6億600万 DKK が風力発電に向けられた．

2.3 日本のRPS制度

日本のRPS制度は，「電気事業者による新エネルギー等の利用に関する特別措置法」に明文化され，法律の目的を次のように謳っている．

「この法律は，内外の経済的社会的環境に応じたエネルギーの安定的かつ適切な供給の確保に資するため，電気事業者による新エネルギー等の利用に関する必

要な措置を講ずることとし，もって環境の保全に寄与し，及び国民経済の健全な発展に資することを目的とする」．

詳細は以下のとおりである．法の意義は，①エネルギー源を安定化させ，多様化させるために，電気事業者に一定量の新エネルギー電力（新エネルギーで発電された電力相当）を使用することを，義務づけることによって，新エネルギーの利用を促進すること，②電気事業者に，前年の電力販売実績に基づき，新エネルギーによって発電された，一定割合の電力の利用または購入を義務づける，③電気事業者は，新エネルギー発電事業者が発電した電気を買うか，自ら新エネルギーで発電するか，他の電気事業者から，新エネルギー電気を買うかしなければならない．

かくして，電気事業者は経済的，その他，エネルギーを取り巻く環境を考慮に入れて，自らの義務の履行を達成するために，以上の３つの選択肢から最善の道を選択することができる．経済産業大臣は，新エネルギーで発電される電力の利用の目標値を決めるとされている．義務となるエネルギーは，①風力発電，②太陽光発電，③地熱，④水力発電（1,000kW以下），⑤バイオマス（バイオマス要素のごみ発電と燃料電池を含む）である．経済産業大臣は，新エネルギー発電を認可する．電気事業者は，新エネルギーで発電された電力の使用相当分を経済産業大臣に届け出て，経済産業大臣は電子勘定でそれを管理するものとする．

2.4 制度の相違点

これに対しFIT制度は，政府立法によって，固定価格での買い取りを義務づけ，再生可能エネルギーの導入を促進する誘因手段である．地域と全国的な電力会社は，再生可能エネルギーで発電された電力を，政府によってきめられた市場価格以上で，買い取ることを義務づけられる．高い買い取り価格は，再生可能エネルギー源の競争劣位を克服するが，買い取り価格は多様なエネルギー源により異なる[1]．

ヨーロッパとアメリカ合衆国の制度を，表3-1（ヨーロッパ諸国と合衆国のRPS制度）と表3-2（主要国のFITの概要）に示した．ヨーロッパ諸国のRPS制度の特色は，表3-1に見られるように，電力会社への再生可能エネルギーの割り当て義務量が，漸進的に増加する制度である．イギリスでは，割り当て量が

表 3-1　ヨーロッパ諸国と合衆国の RPS 制度

	イギリス	イタリア	スウェーデン	オーストラリア	米（テキサス州）
ターゲット／義務量	総販売電力量のうち 2002 年度：3％〜2010 年度：10.4％〜2026 年度：15.4％ (2011 年度以降の義務比率については増加の方向で議論中)	前年の発電／輸入電力量のうち 2002 年：2％〜2006 年：3.05％ 2007 年以降の義務比率は未定	電力消費量のうち 2003 年：7.4％〜2010 年：16.9％	2010 年までの再生可能電力の増加目標を 9,500 GWh と設定 (2010 年における予測電力供給量の 2％を目標として設定) →2020 年まで制度継続の方向	2009 年までに 2,000MW の再生可能発電設備容量を増設
義務対象者	電力小売事業者	発電事業者、電力輸入事業者（年間 100GWh 以上）	電力需要家 (小売事業者が義務履行を代行)	電力小売事業者、発電事業者から直接購入の需要家	電力小売事業者 (自由化対象地域の事業者のみ)
対象エネルギー	水力（既設は 20 MW 以下）太陽光　風力　地熱　潮力　波力　バイオマス（混焼は除く）	水力（揚水分除く）太陽光　風力　地熱　潮力　波力　バイオマス（混焼も含む）廃棄物（非バイオマス分も含む）	水力※　太陽光　風力　地熱　潮力　波力　バイオマス ※水力は 1.5MW 以下の既存設備、1.5MW 以上の新規増設、既存設備の増設が対象	水力　太陽熱温水　太陽光　風力　地熱　潮力　波力　海洋エネルギー　燃料電池　高温岩体、バイオマス（混焼含む）	水力（規模制限なし）太陽光（太陽熱も含む）風力　地熱　潮力　波力　バイオマス（混焼なし）

出典：RPS 管理ホームページ．表 3-2 も同じ．

表3-2 主要国のFITの概要

	ドイツ	デンマーク	スペイン
買取義務対象者	配電事業者	送電系統運用者	配電事業者
買取義務期間	設備稼働から20年間	特に制限なし ※従来制度で既設備（2002年までに運開）は20年間の固定価格での買取	特に制限なし ※エネルギー源ごとに買取価格が減額される期間（例：15年後）を設定
対象エネルギー	水力（5MW以下）太陽光 風力 地熱 バイオマス（20MW以下）埋立／下水ガス（5MW以下）鉱山ガス	風力 バイオマス（混焼なし）	水力 太陽光 風力 地熱 波力 潮力 バイオマス（混焼含む）廃棄物（非バイオマス部分も含む） ※すべて設備容量50MW以下が対象
買取価格（参考）	2004年：陸上風力発電（/kWh） ・新規設備 8.70ユーロセント（11.3円）	2004年：陸上風力発電（/kWh） ・新規設備：スポット市場での売電価格＋インセンティブ価格0.123DKK（2.2円） ※売電価格とインセンティブ価格をあわせた上限0.36DKK（6.5円）/kWh ・既設設備（2002年までに運開）：固定買取価格0.6DKK（10.8円）	2004年：陸上風力発電（/kWh） ・固定買取価格 6.49ユーロセント（8.4円） ・売電価格＋インセンティブ価格＋3.6ユーロセント（4.7円）

第3章 日本の再生可能エネルギー促進策と風力発電の動向　45

総電力販売量の，2002年の3%から2010〜26年の10.4%と増加するようになっている．義務対象者は，日本と同じ電力小売り会社である．

しかし，決定的に異なる点は次の表3-2に見るように，FIT制度における，電力小売り会社による買い取り義務の欠如である．FIT制度のもとでは，電力小売り会社は，再生可能エネルギーによる電力を，固定した価格で買い取る義務があり，デベロッパーや小投資家に，風力発電に投資するインセンティブを与える．こうして，風力発電の躍進に貢献する．

日本のRPS制度のもとでは，電力会社は，風力発電に自由な価格をつけることができるので，安定した収益が見込めないならば，風力発電への投資インセンティブは起きない．この点はのちに検証する．FITの対象エネルギーは，現存する20MW以下の水力発電，太陽光，風力，地熱，潮力，波力，混焼を除くバイオマス発電である．表には，FITを採用している有力な国を示してあり，ドイツ，デンマーク，スペインの風力発電先進国では，買い取りあるいは接続義務は，電力会社ないしはグリッド・オペレーターに及んでいる．再生可能エネルギーの買い取り価格は，再生可能エネルギー促進法によって，個別エネルギー源ごとに決められている．

3. RPS制度と風力発電の導入状況

3.1 導入目標量

図3-1は，「新エネルギー等の導入の促進に関する特別措置法」によって規定された，2007年度に改定される前の導入目標量であり，2010年の目標は122億kWhであった．次の図3-2は，改定された導入目標量であり，2014年の目標が，160億kWhとなっている．上方修正されているように見えるが，旧目標量に上積みされたかたちになっている．新しい目標量の根拠は，総合資源エネルギー調査会新エネルギー部会RPS法小委員会の『RPS法小委員会報告書』(2007年3月13日)に示されており，風力発電に関しては，次のような見積もりになっている．系統制約のある地域で，「風力系統連係対策小委員会中間報告書（2005年6月)」で示された対策が進められた場合の13億kWh，その対策なしに接続

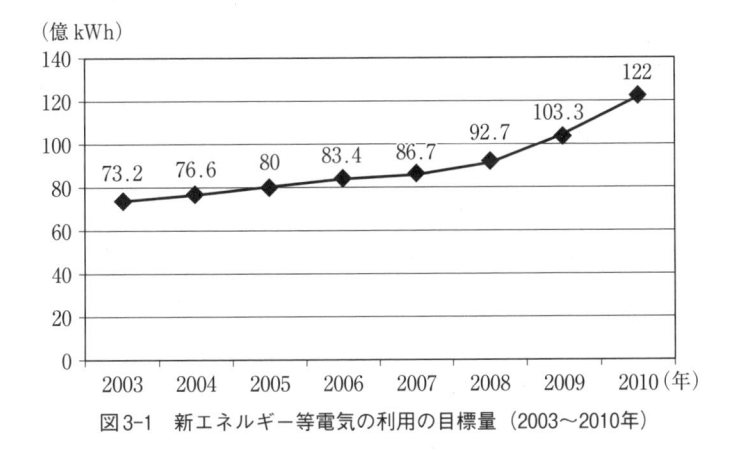

図3-1 新エネルギー等電気の利用の目標量（2003〜2010年）

図3-2 新エネルギー等電気の利用の目標量（2007〜2014年）

可能な44億kWh，系統制約のない地域の事業者に対する調査結果から推計された20億kWhの合計77億kWh[2]．

　2005年度実績をベースにした，新エネルギー等の2014年度の伸びを示した図3-3によると，風力発電が最も伸びると考えられている．また容量は小さいが，太陽光発電が風力発電と同様に，4倍近くに伸びると想定されている．

3.2 基準利用量・バンキング

RPS法では，新エネルギー等の導入促進を図るために，電気事業者に，その利用の義務を課しているのであるが，その義務量つまり基準利用量を，次のように積算することとしているのが特色である．

表3-3は，RPS管理ホームページの資料から作成したもので，計算式に数値を入力すれば，基準利用量が出るようにしてある．計算のポイントは，それぞれの電気事業者の，前年度の電気供給量に，当該年度の利用目標率（全国の利用目標量÷全国の電気供給量）をかけて得られる，基準利用量が義務量となる．

しかし，RPS法は，それをそのまま実際の義務量とせずに，「調整利用目標率」を掛けて，調整された利用量を義務量とする．調整利用目標率は，最大の利用率を持つ北海道電力の利用率（2008年度で0.084）から，当該電気事業者の利用率を引いた値に，経過調整率を掛けた値を，利用目標率から差し引いた値を，義務量（基準利用量）とする．

いまRPSホームページから作成した，電力会社ごとの基準利用量を示すと，図3-4のようになる．新規に制度を導入する際の調整を取り入れた制度であるので，次の図3-5にみられるように，利用目標量に対して，実際の基準利用量が下方にかい

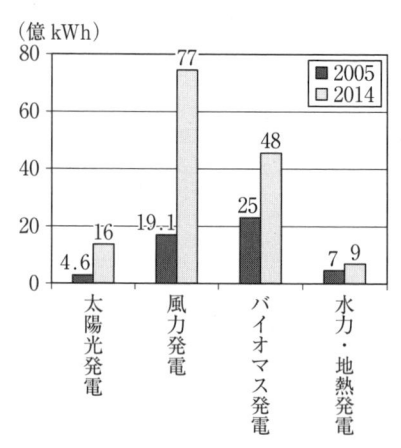

図3-3　新エネルギー等の導入目標量の内訳
出典：『RPS法小委員会報告書』総合資源エネルギー調査会新エネルギー部会RPS法小委員会（平成19年3月13日）

表3-3　電力会社別基準利用量の計算方法

基準利用量①×②＝③
電気事業者の電気供給量（前年度）kWh ①
利用目標率（当該年度）②
全国の利用目標量（当該年度）④
全国の電気供給量（前年度）⑤
調整後の基準利用量（③／(②×⑥)）＝⑦
調整前の基準利用量③
利用目標率（当該年度）②
調整利用目標率⑥＝(②−((⑧−⑨)×⑩))
最大既存利用率⑧
自己の既存利用率⑨
経過調整率⑩

注）RPS法ホームページにより作成

図3-4 一般電気事業者の基準利用量（調整後）

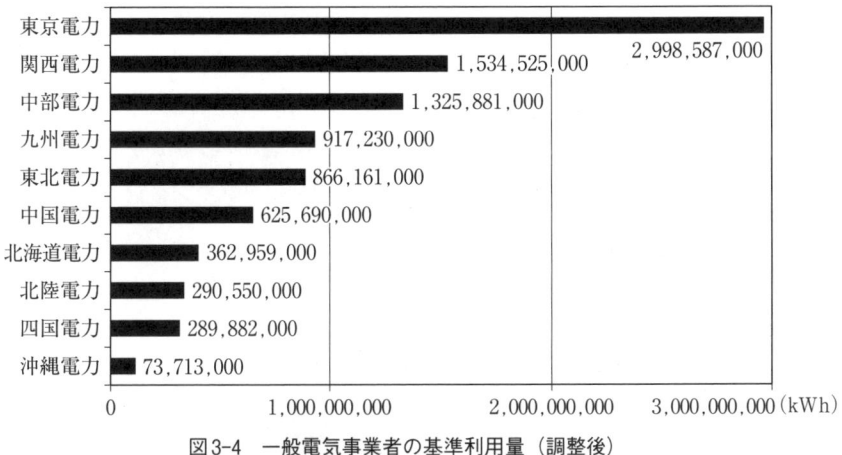

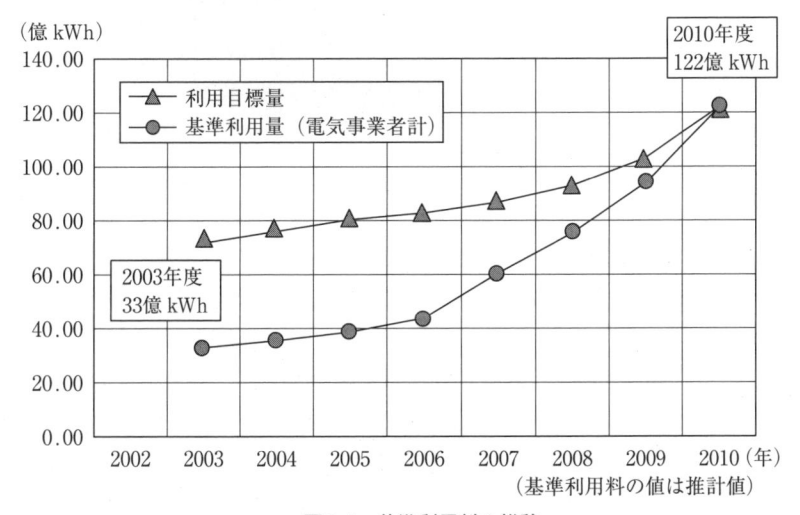

事業者	基準利用量 (kWh)
東京電力	2,998,587,000
関西電力	1,534,525,000
中部電力	1,325,881,000
九州電力	917,230,000
東北電力	866,161,000
中国電力	625,690,000
北海道電力	362,959,000
北陸電力	290,550,000
四国電力	289,882,000
沖縄電力	73,713,000

図3-5 基準利用料の推移
出典：RPS法ホームページから引用

離しているのが，新制度の特色である．経過調整率を1から順次小さい値へ移行させていくので，図では2010年に利用目標量と基準利用量とが一致することとなっている．

次に，RPS法では，電気事業者がその義務量を超えて，新エネルギー等の利

用を行った場合，バンキングというかたちで，それを翌年（1年限り）に繰り越すことができる．2008年度のバンキングの量を示したのが，図3-6である．発電容量をベースに示してあるので，風力発電とバイオマス発電が大きく出ているが，中小水力，太陽光発電もバンキングされている．このバンキング量は，繰り越された年度の義務量に使用できるので，2008年度のバンキング量は，電力会社による，その翌年度の新エネルギーの購入量の減少になる．この点は，のちに風力発電と太陽光発電の導入推移を検討するところで説明する．

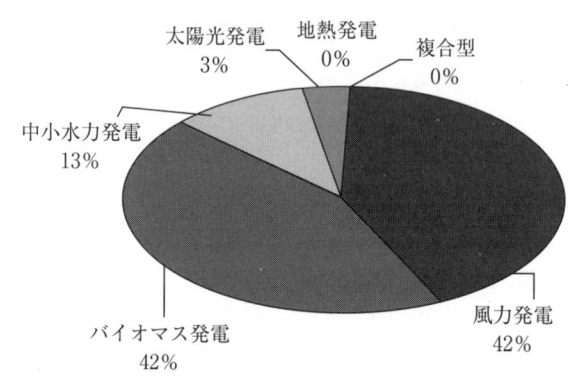

図3-6 平成20年度バンキング量（kWh）

3.3 取引（売電）価格

RPS法の特色の1つに，新エネルギー等の価格に，1kWh当たり11円の上限価格を設けたことがあげられる．この11円以下の価格で電力を買おうとして，確保できなかった場合，正当な理由で電力を調達できなかったとされ，ボロウイング（バンキングとは逆に，未達成相当量を，翌年に繰り越すことができる）に含まれず，翌年の義務量に含まれないとされている．風力発電の買い取り価格が，13～14円台から始まったことを考えれば，その間，発電コストが低下したことを考慮に入れても，かなり低く設定されていることは否めない[3]．

これもRPS法のホームページから作成したものだが，図3-7の「RPS制度下の新エネルギー等の売電価格の推移」をみると，バイオマスの価格が微増しているのに対し，風力発電の価格は減少傾向にある．RPS相当量の価格は現状維持といったところである．

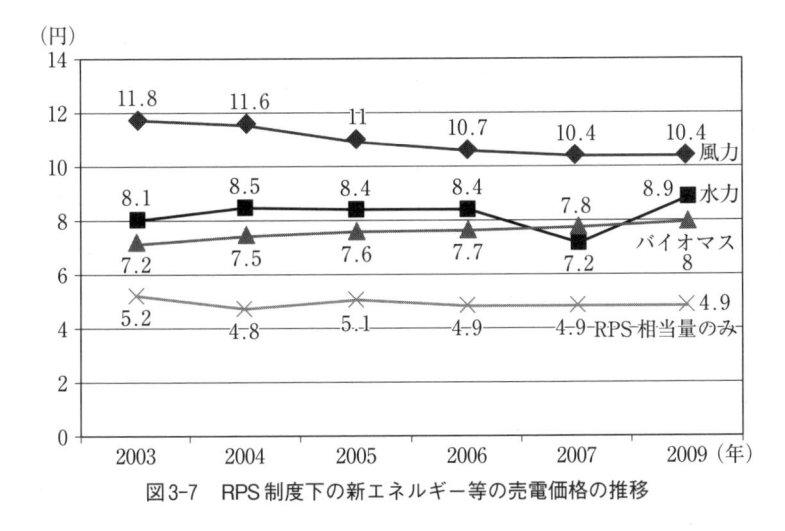

図3-7 RPS制度下の新エネルギー等の売電価格の推移

3.4 導入量の推移
3.4.1 風力発電のデータベース

以上の基礎的考察を踏まえて，実際に風力発電の導入量にどのような変化が現れたか，太陽光発電と比較しながら考察する．現在風力発電のデータベースは，NEDOが整備し，PDF形式で，ホームページ上に公開しているが，この集計には，実験設備や個人的目的のもの，廃棄処分されたもの（集計からは対象外），数十kW以下のものも含まれているため，ここで行っているような，大型風力発電の経済分析には，これらのものを除外しなければ，正確な傾向が描き出せないという制約がある．

また，風力発電に関しては，風力発電推進自治体全国協議会が，設置主体や導入された設備の発電データに説明を加えた，より利用しやすい形のデータベースを作成している．しかし，多様な設備が扱われているため，その際の取捨選択は難しい問題であり，本章にあっては，RPS管理ホームページに公開されるようになった，認定設備の一覧（概ね200kW以上の発電所を網羅）を使用することとした．電気事業者が利用基準量を履行するためには，新エネルギー等の設備が認定されることが前提となっているので，RPS制度下の新エネルギーの状況を把握するためには，このデータを利用することが適切であると判断した．以下に，引用した風力発電と太陽光発電の導入に関する図は，断わりのない限り，す

べて，同ホームページからダウンロードしたデータによって作成したものである．

3.4.2 風力発電の導入状況

　以上，RPS制度の骨格を見てきたが，果たして同制度のもとで風力発電所の建設は進んでいるのであろうか．以下，風力発電の推移の状況を，設置箇所数，出力（kW），設置箇所数当たりの出力（kW）を，順に図3-8，図3-9，図3-10で示した．まず，図3-8によれば，商用大型風力発電は，電力会社による自主的買い取りが始まった1990年代の後半以降急速に増え，今世紀の初めには，設置箇所30を超えた．RPS法が施行された2003年には，44の風力発電所が設置され，ラッシュに近い状況になった．2004年に設置が減少したのは，「駆け込み需要」の反動と，電気事業者によるバンキングの影響であると推察される．しかし，バンキングは1年限り有効であるので，電気事業者は，翌年に新エネルギーの基準利用量を購入しなければならないから，2008年に大幅に減少しているのは不可解である．風力発電の導入にブレーキがかかったと判断せざるを得ない．2009年の数字は，データが暦年の集計になっており，1月1日〜3月31日までの分しか計上されていないので，考慮に入れられない．

　図3-9は，導入の推移を，設置された風力発電所の総定格出力で見たもので

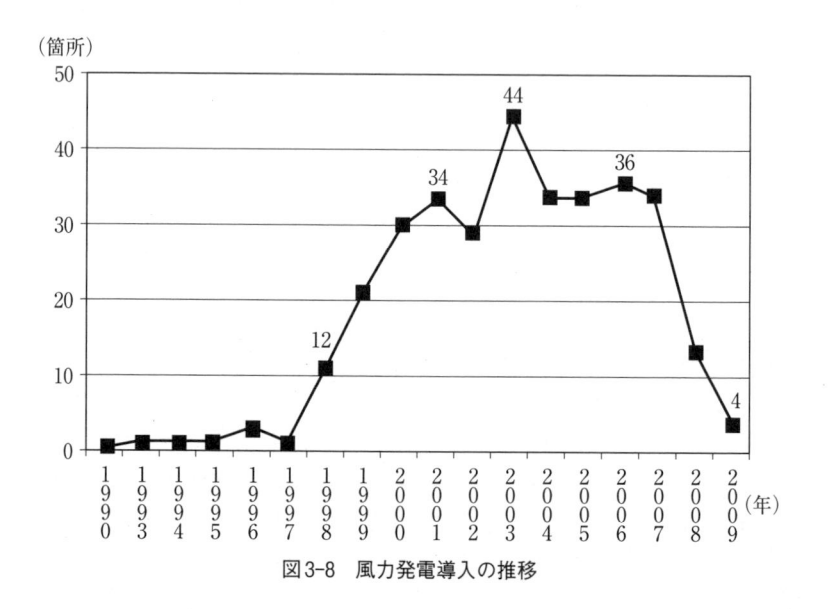

図3-8　風力発電導入の推移

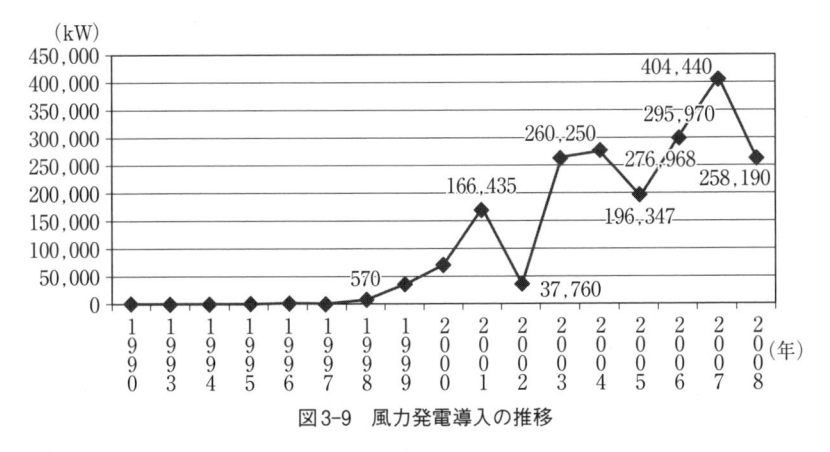

第3章 日本の再生可能エネルギー促進策と風力発電の動向　53

図3-9　風力発電導入の推移

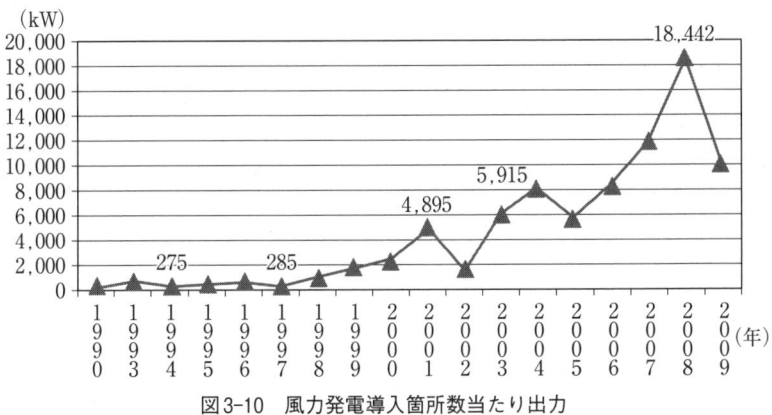

図3-10　風力発電導入箇所数当たり出力

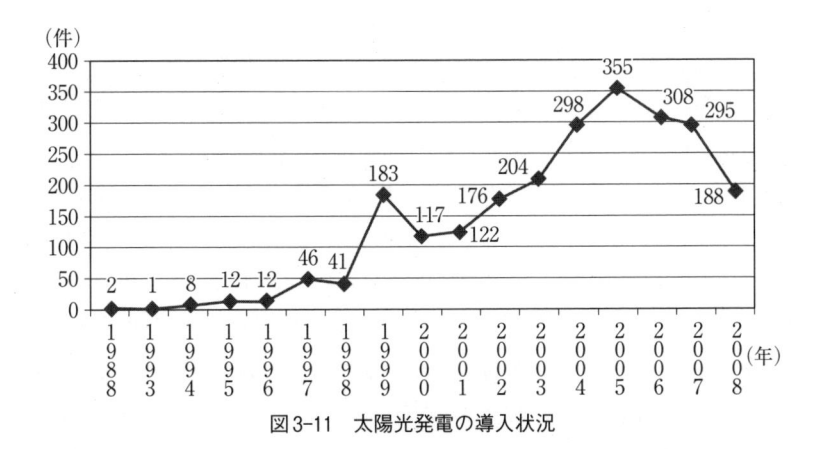

図3-11　太陽光発電の導入状況

ある．この図によると，導入量はRPS法の施行以降，2005年にいったん減少するものの，2007年には40万4,440kWへと増加している．2008年は，再び2003年の水準に減少した．これは，次の図に見られるとおり，風力発電所の大型化の結果が出たものである．

RPS法ホームページのデータには，導入された風力発電の基数が表示されていない．基数が示されていれば，1基当たりの出力を計算して，マシンの大型化の傾向を把握できる．マシンの大型化の傾向は，基数が示されているNEDOのデータで確認することができるが，ここでは，ウインド・ファームの箇所数当たりの出力，つまり1ウインド・ファーム当たりの発電規模を図3-10によって見てみる．

風力発電の導入の初期の1990年代は，せいぜい300kW以下の風力発電所だったのに対して，2000年に入り徐々に大型化し，RPS法が施行された直後の2004年には6,000kW近くの規模に大型化している．この大型化の傾向はウナギ登りで，2008年には2万kW近くにまで大型化した．ざっと1ウインド・ファーム当たり，2MW機9基という規模になる．この大型化の傾向も，またRPS法がもたらした傾向であると考えられ，次の第3節の「大型ウインド・ファームと損益分岐点分析のモデル」で検討する．

3.4.3 太陽光発電との比較

風力発電と競合関係に立つわけではないが，売電価格面で優遇（一般買い取り価格の2倍）されている太陽光発電の動向を検討し，風力発電との比較検討を行う．太陽光発電に関しては，このように事実上の固定価格買取り制度（FIT）が導入されているわけで，RPSの風力発電とFITの太陽光発電の比較を行うことは非常に興味深い．そのために，風力発電と同じ「導入の件数」（図3-11），「出力」（図3-12），「1件当たりの出力」（図3-13）を作成した．

まず導入状況をみると，太陽光発電は，1990年代末から徐々に導入が進んでいたが，2000年に入ると急成長し，RPS法施行後の2005年には355件の高原水準に達したことが分かる．しかしその後は減少に転じている．出力で見た導入状況は図3-12にみられるように，2000年に入り一貫した増大傾向を示しており，順調な伸びという評価を得ることができる．ただし2008年の導入出力は落ちている．設置件数ではブレーキがかかっているように見える太陽光発電は，設

図3-12　太陽光発電の導入状況

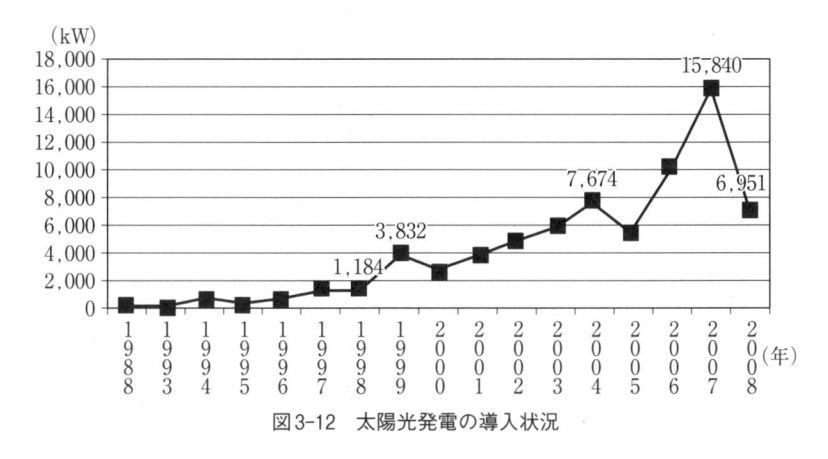

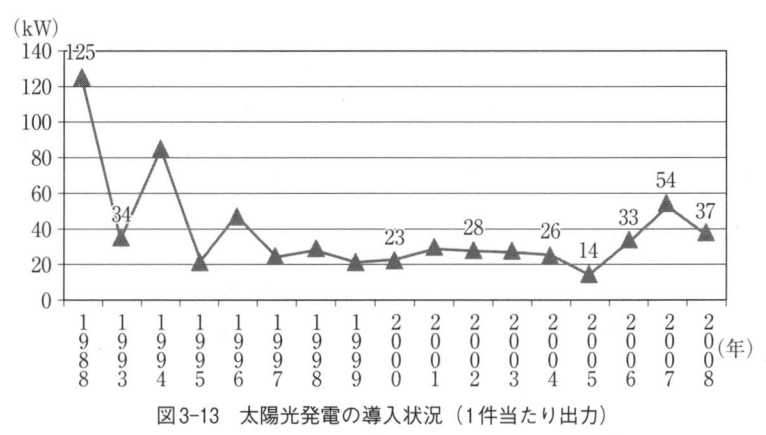

図3-13　太陽光発電の導入状況（1件当たり出力）

　置箇所当たりの出力を見た図3-13によって理由が明らかになる．図3-13によれば2005年以降の容量が大型化しており，このことが件数での減少を補っていることが分かる．太陽光発電はRPS法施行以後伸びているのであり，それは，RPS法による積極的な導入姿勢であり，固定価格買い取り制度による投資誘因の好転であろう．

4. 大型ウインド・ファームのキャッシュ・フローと損益分岐点分析モデル

4.1 分析モデル

　この節では,「仮想」上の3つの大型ウインド・ファームを取り上げ,財務分析のモデルを提示することによって,RPS法体制下の風力発電の動向を検討する.「仮想」というのは,実在するウインド・ファームではあるが,キャッシュ・フローと損益分岐点分析のための,詳細な財務データが得られないために,推計によって財務状況を把握するという意味である.

　キャッシュ・フローのプロトタイプは,NEDOが2007年にまとめた報告書[4]の中で試みられたモデルを,既存の風力発電所で,実際に作成されたキャッシュ・フローを参考にして,実態に合うように改良したものである.

　想定したウインド・ファームは,すべてRPS法施行後に稼働したもので,作成したキャッシュ・フロー・モデルの中に,必要なデータを入力することによって作成した.キャッシュ・フローは,風力発電の物理的寿命までの,耐用年数のスパンの中での,収支の状況予測には役立つが,経営存続に必要な収益構造の分析には弱い.

　そこで,ここでは,損益分岐点分析の手法を用いて,想定された稼働期間(20年)に必要な,売上の水準を損益分岐点として求め,風力発電の経営状態予測の判断の基準とすることとした.まず,想定した3つの風力発電所の概要を表3-4に示した.

　ついで,作成した分析モデルを表3-5に示した.これは,比較的データが判明している,北栄町風力発電所のケースであるが,スペースの制約から稼働初年度の2006年度のみ示した.まず売電収入を収入と等しくなるようにし,ついでメンテナンス費を,比較のため,実際に得られるデータではなく,売電収入の10%とした.ただし耐用年数中の最初から2年間と,最後の2年間については,バスタブ曲線によって2割増とした.風車の保険料については,これも比較のため,日本風力発電協会の提供する風車保険の料率を使った.稼働から10年間は,メーカー保証があることを勘案し,掛け金割安の「標準タイプ」を,残り10年

第3章　日本の再生可能エネルギー促進策と風力発電の動向　57

表3-4　想定風力発電所の概要

名　称	鳥取県北栄町風力発電所	山形県八竜風力発電所	島根県江津高野山風力発電所
設置主体	北栄町（旧北条町）	エムウインズ八竜（明電舎）	島根県企業局
運転開始年月	2005年11月	2006年10月	2010年4月
出力 kW（基数）	1.5MW×(9基) 13.5MW	1.5MW×(17基) 25.5MW	2.3MW×(9基) 20.7MW
投資金額 （MW当り）	2,800,000千円 (207,407千円)	5,288,888千円（推計） (207,407千円)	6,400,000千円 (309,178千円)
メーカー	リパワー	リパワー	ノルデックス

は「充実タイプ」を適用した．利益保険は適用しなかった．人件費は，これまでの調査で分かったところであるが，風力発電所によって，人員配置と会計への計上はまちまちであるので，ここではメンテナンス費の10％を計上した．減価償却費は，民間・公共のいかんにかかわらず計上し，2年間据え置き，法定耐用年数17年から，据え置き期間の2年を引いた15年定率償却とした．固定資産税は，表3-5の町営風力発電には，ゼロが計上されているが，民間風力発電については，北海道せたな町での聞き取り調査（議会資料）から得られたデータ，1基当たり年間15万6,000円を使った[5]．借入金利は，公共風力発電の場合は，これまで行ってきた損益分岐点分析で使用した2％，民間の場合は4％を使用した．法人関係税（法人税，法人住民税，事業税）は，公共の場合はゼロであるが，民間の場合は実効税率40.69％を用いた．借入金元本返済は，利子支払いと減価償却の合計であり，

表3-5　キャッシュフロー・モデル（北栄町）

年　度	2006
売電収入（円）	229,473,405
収入合計	229,473,405
メンテナンス費	27,536,809
風車保険料	2,408,000
主任技術者人件費	2,753,681
減価償却費	0
固定資産税	0
支出合計	32,698,489
営業収益	196,774,916
借入金利	82,000,000
経常収益	114,774,916
法人関係税	46,701,913
税引き後利益	68,073,002
累積利益	68,073,002
残存資産	2,100,000,000
税引き後利益	68,073,002
借入金元本返済	82,000,000
単年度資金収支	150,073,002
累積資金収支	150,073,002
借入金残高	2,050,000,000

キャッシュ・フロー図では，収入合計と減価償却，借入金支払，借入金残高，結果としての累積資金収支を示した．

4.2 北栄町風力発電所

まず，北栄町風力発電所のキャッシュ・フローを図3-14に示す．上述した通り，借入金元本返済は元金返済2年据え置きという前提のため，利子支払いも含めて，稼働3年目から均等に返済され，17年間で完済される．収入は，稼働から現在までの平均売電収入が今後も続くとの前提で推移する．

ただし，法定耐用年数経過後は，売電収入が半分になるようにした．売上に決定的影響を与える事故が起きた場合は，この収入に狂いが生じるが，モデルでは想定していない．事故や故障による出費は，保険で相殺されるものとする．累積資金収支は，税金支払い後のネットの利益であり，減債基金（内部留保）の積み立てや，その他の支出に充当することが可能となる．このモデルでは，2025年度に16億300万円の累積収支となることを予測している．このキャッシュ・フローは，あくまでも，風力発電の長期の資金収支の見通しであり，風力発電が生み出す経営上のパフォーマンスが反映されない．そこで，売電収入と風力発電所の経営に必要な経費水準の，いわば相対関係を表す，損益分岐点分析を行う．

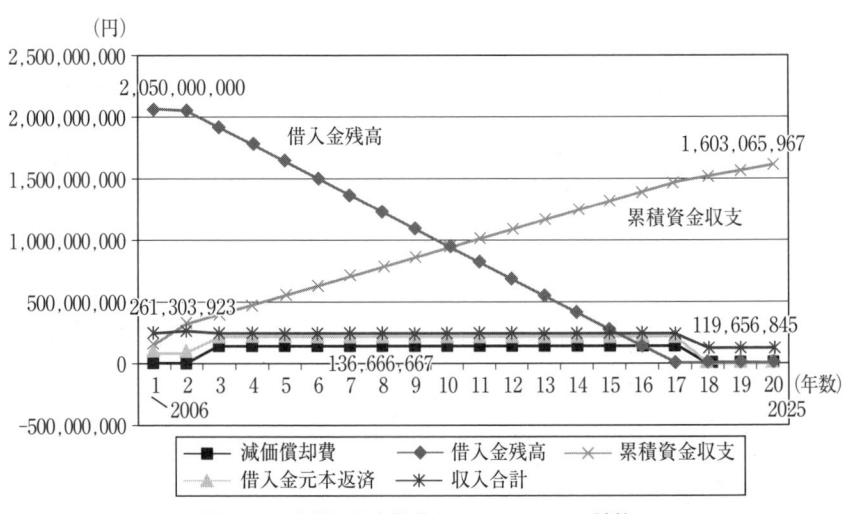

図3-14 北栄町風力発電キャッシュフロー試算

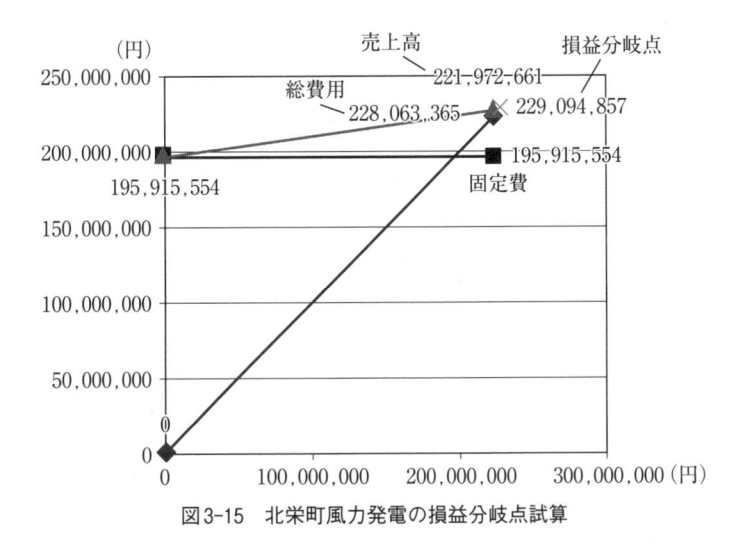

第3章 日本の再生可能エネルギー促進策と風力発電の動向 *59*

図3-15 北栄町風力発電の損益分岐点試算

しかし，ここでは，ある年度の実際の収入と支出に基づく損益分岐点ではなく，キャッシュ・フロー・モデルから得られ，想定稼働期間全体のキャッシュ・フローの平均値から求められる，仮想上の年度の損益分岐点として計算した．その結果が図 3-15 である．

求められた損益分岐点，2億2,909万4,000円は，売上高（収入），2億2,197万2,000円を若干上回っている．これは，想定した売電収入が，同規模の投資が必要なウインド・ファームの更新に，少しだけ足りないことを意味している．この損益分岐点は，実際のメンテナンスなどのデータを使って筆者が計算した，別の損益分岐点[6]よりも高めに出ており，それは高額な保険金を想定したためだと考えられる．しかし，RPS 法施行以前に建設された小規模な風力発電と比べると，パフォーマンスは格段に上であり，十分経済的に成り立つことを示している．

4.3 八竜風力発電所

RPS 法の下で売電価格が低下傾向にあり，かつ大型化する傾向のある現状で，地方自治体には，風力発電に投資するインセンティブがわからないことが指摘される[7]ことから，今後は民間の大型風力発電が，主流になることが予想される．そ

こで，ここでは，民間風力発電のキャッシュ・フローについての予測モデルを作成した．基本的には上に見た地方自治体の場合のケースに，法人税負担や借り入れの利子率など，必要な改変を行ったのみで，基本的には変わらない．しかし，民間の場合には，モデルに入力するデータが公表されないという制約がある．

そこで，ここでは，先にみた北栄町と同じメーカーの，同じ機種を使い，風況が似ていること，似た形状の地形に建設されていることなどから，八竜風力発電所の17基についてキャッシュ・フローを求めた．発電電力は北栄町の発電データの3年間の平均から，1基当たりの発電量を求め，17基の基数に掛けて求めた．この発電量に11円の売電価格をかけて売電収入とした．北栄町と異なる点は，このケースが民間であるので，税負担を組み込んだ点と，利子率4%である．結果は図3-16のとおりである．稼働から20年後には116億4,000万円の累積資金収支が生じる．この額は投資額（推定）の倍近い金額である．キャッシュ・フローに組み込んだ経費以外に支出がないならば，耐用年数が終了した後に，金額で倍の風力発電所の建設ができる計算になる．風況の良い三重県の青山高原ウインド・ファームでは，風車を30年持たせることによって，50億円弱のプラス収入が見込める[8]といわれているから，八竜のケースでの累積収支はもっと大

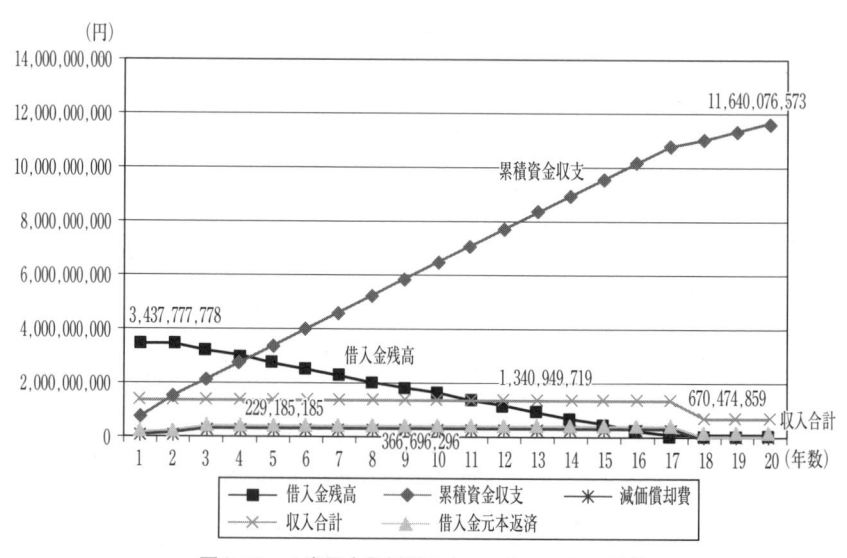

図3-16 八竜風力発電所のキャッシュフロー試算

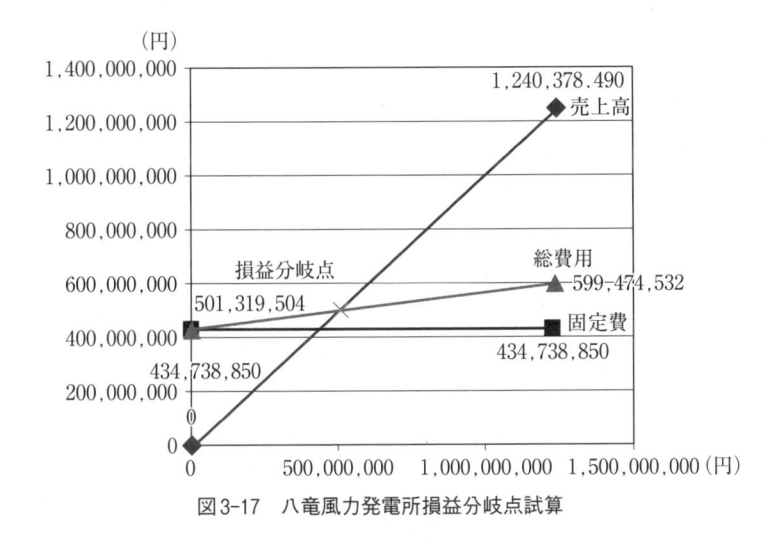

図3-17 八竜風力発電所損益分岐点試算

きくなることが予想される．

次いで損益分岐点分析結果を図3-17に示した．北栄町のケースとは異なり，損益分岐点のはるか上に売上高が位置している．損益分岐点と総費用，売上高の三角形を結ぶ面積の中で，株主への支払いや研究開発費用，次期風力発電のためのフィージビリティ・スタディ，環境影響調査などの費用が捻出できることを物語っている．北栄町のケースとのパフォーマンスの差は，ウインド・ファームの大規模化（2倍）である．

4.4 島根県江津高野山風力発電所

次のケース・スタディとして，2009年4月から運転開始した，江津風力発電所を取り上げる．同風力発電所を取り上げた理由は，直近の大型風力発電所であり，県企業局が運営する発電所であることから，減価償却を行っているなど，民間風力発電所に近い運営形態であるからである．しかし，入力する利子率や税負担などは，公共風力発電とした．本書執筆時点で，すでに月次の発電データが公表されているが，ここでは予想発電電力を用いた．入力するデータを民間のものに置き換えれば，民間風力発電のケースとして利用できるのが，このケースのメリットである．売電価格は公表されていないので，八竜風力発電所と同じく，

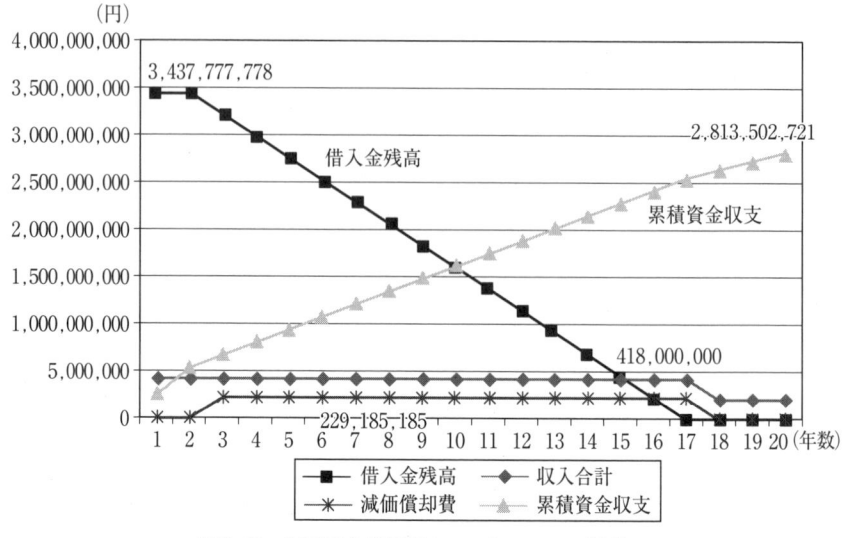

図3-18　江津風力発電所キャッシュフロー試算

RPS法の上限価格11円とした．結果が図3-18である．

借入金残高，収入合計，減価償却費については，前提が同じであるため，説明は省略し，累積資金収支をみると，20年後に28億1,300万円の金額に達する．投資が964億円に対し，累積資金収支が28億円と，あまり大きく出ないのは，建設補助金の額が少なく，過大な借入構造となっており，その支払いに売電収入が食われる格好になっているからである．

図3-19によって損益分岐点をみると，約1,900万円だけ損益分岐点が，売電収入を上回っていることが分かる．八竜風力発電所に対し，損益分岐点が売電収入を上回る結果になったのは，MW当たり建設費が，八竜風力発電所の2億740万7,000円に対し，3億917万8,000円と割高なため，売電収入の水準に対し，固定費が大きく出たためである．固定費用が大きいと，損益分岐点は大きくなる．

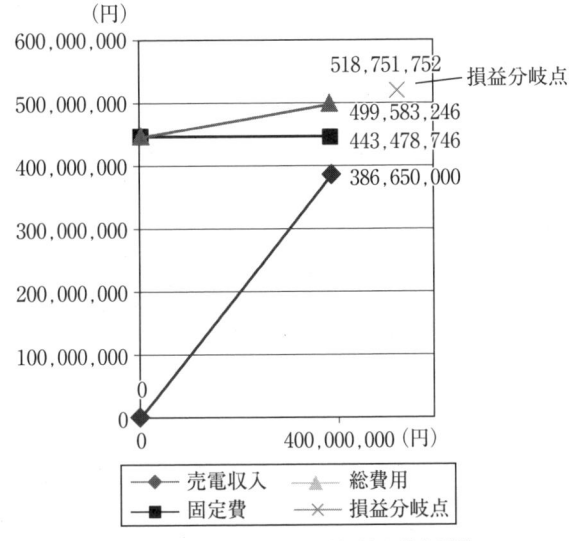

図3-19 江津風力発電所損益分岐点試算

4.5 デンマーク市民風車との比較（Middlegrunden 洋上風力発電所）

　デンマークの首都コペンハーゲンの沖合いに，2000年に建設された，ミドルグルンデン洋上風力発電所は，Bonus社の2MW基が20基立ち並ぶ風力発電所である．総投資額は4,800万ユーロである．年平均風速7.2m/sと風況に恵まれている．協同組合（市民）所有で有名な風力発電であり，そのうちの10基分の売電価格等の財務・メンテナンスデータ（株主レベルのバランス・シート）が公表され，リアルタイムの発電データが，ウェブサイトで閲覧可能であるので，これを用いて，20基分の総投資額，売電収入を計算し，損益分岐点分析を行った．

　まず，表3-6に損益分岐点分析の結果を示した．通貨の表示はユーロによった．ここで，損益分岐点分析結果をグラフ化するための原表について説明する．グラフ化にあたっては，表中の売電収入，固定費，損益分岐点，総費用を使用する．計算方法は注に示したが，方法はすべての事例について基本的に同じである．Middlegrundenについては，固定費を計算する際の年経費率は，公共の値（0.0563140）を使った．またデンマークでは，売電価格が，建設年度0年から5年までの6年間は0.08EUR/kWh，5年から10年までは，0.0685EUR/kWh（再

生可能エネルギーへの特別価格平均値を上乗せ）であるから，売電価格にこれを乗じて売電収入を求めた．これをグラフ化したのが図 3-20 である．

表 3-6　Middlegrunden 洋上風力発電所損益分岐点

	EUR	グラフのデータ	最　小	最　大
売電収入 [1]	6,528,782	計算する収入の範囲	0	8,221,827
固定費 [2]	3,588,637	売電収入	0	8,221,827
変動費 [3]	846,520	固定費	3,588,637	3,588,637
tax		変動費	0	846,520
損益分岐点	4,000,532	総費用	3,588,637	4,435,157
利益	3,786,670	変動比率		10%

(1) エクセルの計算式
(2) 固定費＝建設コスト×年経費率＝建設コスト×$(r/1-(1+r)^{-n})$
　　r：利子率（公共の 2%または民間デベロッパーの場合 4%　n：風力発電の耐用年数：25 年　年経費率：0.05663140（公共の場合）0.07476328（民間の場合）
(3) 変動費＝84,651,951×0.01

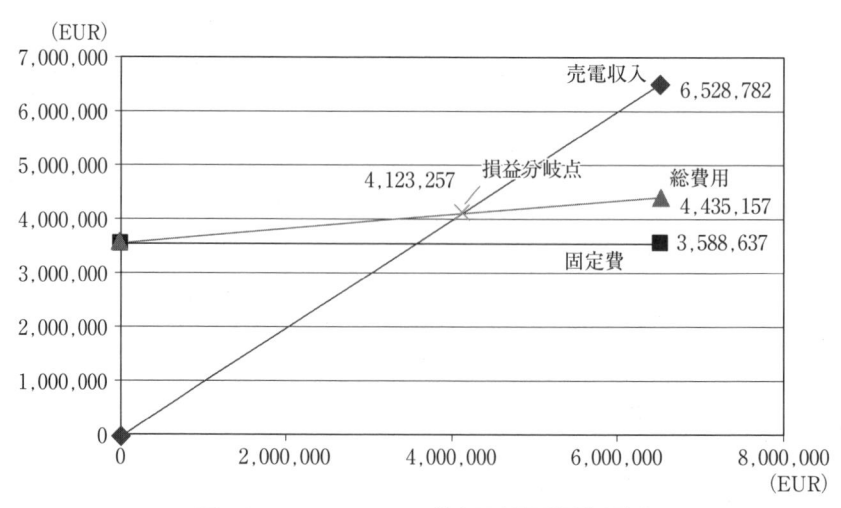

図 3-20　Middrugrunden 洋上風力発電損益分岐点

4.6 ドイツ自治体系風力発電との比較
(Wind Park Wybelsumer Polder : WWP)

　Wind Park Wybelsumer Polder（以下、WWP）は，2001年にエムデン市の近郊，海に面したところに建設され，現在では103MWの定格出力を持つ，建設当時で世界最大規模の集合型風力発電所である．エムデン市の出資になる電力会社であるStadtwerke 株式会社，WWP株式会社＆ KG，EWE Aktiengesellschaft，Enercon 株式会社，エムデン市関連の風力発電会社であるifeにより運営されている．所有形態が複雑なので表3-7にその構成を示した．WWPは，ドイツFITシステムによく適合した塊状集積的なウインド・パークであると考えられる．

　総投資金額と収入計算を行ったが，計算の手順は，設立時のWWPの発電計画と投資金額および法人市民税が分かっているので，のちに立地した風力発電をkW当たり建設費，発電量に変換して，全体の売電収入と総投資金額を求めた．損益分岐点分析に必要な変動費は，投資額の10%とメンテナンス費用の合算額とした．売電価格は，次のように計算した．WWPの20の発電機の年収入は，17,000,000 DM + 1,100,000 DM = 18,100,000 DM．これを発電量で割ると，18,100,000DM/78,000,000 kWh = 0.2320 DM/kWh という計算上の売電価格が得られる．日本銀行の古いデータ[9]によれば，1DMは67円であった．した

表3-7　風力発電所の概要

Wybelsumer Polder 風力発電所 The Wind Park Wybelsumer Polder（WWP: エムデン, ドイツ）会社設立1996年．所有：エムデン，WWP，市民　風速7.0-8.0 m/s		
参画者	Wybelsumer Polder ウインド・パーク株式会社＆ KG	市民所有（36%）会社 http://wwp-emden.de/（アクセス，2009.8.30）
	Stadtwerke 株式会社（公共サービス）	エムデン市営電力会社 http://www.stadtwerke-emden.de
	EWE Aktiengesellschaft http://www.ewe.de/	ドイツ最大の電力会社のひとつで，電力，ガス，水道，エネルギー，環境技術，ガス供給，貿易，電信，情報を扱う．
	Enercon 株式会社	Wind power converter manufacturer http://www.enercon.de/
	Ife（メンテナンス）	エムデン市関連の風力発電会社 http://www.ife-emden.de/

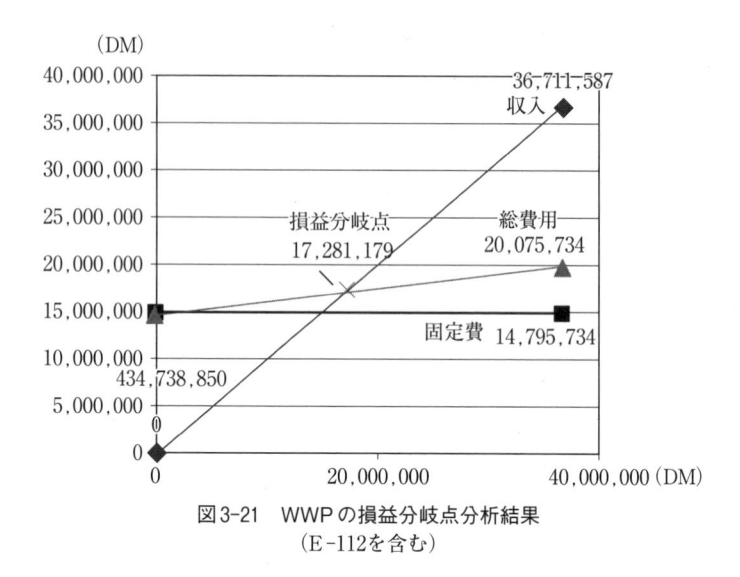

図3-21　WWPの損益分岐点分析結果
（E-112を含む）

がって 0.2320 DM は 15.5 円に相当し，庄内町の売電価格 11.5 円よりも 4 円高かった．

図 3-21 は 2001 年に建設された WWP の損益分岐点結果である．建設補助金に関するデータが得られなかったが，これまでに述べた理由から，耐用年数到来までに総投資金額を回収するとの前提を置いた．結果は図のとおりであるが，損益分岐点を大きく超える売電収入の水準を示しており，政府補助金なしでも更新可能な利益水準を示している．計算上，市民税と国税企業関係諸税を負担させており，その結果である．売電収入と損益分岐点と総費用の 3 つの点を結ぶ三角形の中から，様々な費用が支払われ，かつ減価償却費や内部留保も積み立てられていくことを示している．

5. 結　論

再生可能エネルギーの導入を促進させる手段には，割当制度（RPS）と固定価格買い取り制度（FIT）の 2 つの考え方と制度があり，前者がケインズ以降の，新自由主義的な経済理論に立脚した市場原理依存政策であるのに対して，後

者は政府の規制・介入的な，どちらかといえば，政治主導型の政策であるといえる．日本では一連の規制緩和策や各種の政策に見られる政府介入の排除の傾向を反映してか，FIT を採用しなかった．

RPS 導入から5年（6年であるがデータが2008年までであるので）を経過し，日本型 RPS の中での風力発電の導入状況が少しずつ明らかになった．まず，風力発電の導入は，明らかに停滞傾向を示しており，それは，導入目標が低いこと，同制度の電気事業者による買い取り価格が低いこと，大型化しなければ採算がとれず，小規模な風力発電が建設できないこと，また，ウインド・ファームの規模が大型化し，適地が制限されることなどの問題との関連である．これに対して，今後のデータ開示を待たねばならず，断定はできないかもしれないが，事実上の固定価格買い取り制度のもとで，太陽光発電が伸びており，RPS 制度の競争原理は機能しているように思える．

日本で RPS 制度が施行される以前に建設された，デンマークとドイツの風力発電と比較した結果，やはり格段のパフォーマンスの差が認められた．

以上，RPS 制度が発足してまだ日が浅いために，今後の制度の在り方に関しては，いましばらく検証作業が必要であると思われる．したがって，この点に関しては，言及を差し控えた．

注

1) http://www.rps.go.jp/RPS/new-contents/top/ugokilink-kaigai.html（アクセス，2009.8.30）
2) 風力発電の導入目標量が少なすぎると指摘されることがあるが，この積算根拠を問うことが必要である．木村啓二（2006）「日本の再生可能エネルギー・ポートフォーリオ基準制度の初期評価—再生可能エネルギー市場の分析を通して—」『立命館国際研究』19.2　pp.169-408
3) 筆者はすでに，自治体風力発電を更新するためには，最低でもあと3円の売電価格の引き上げが必要なことを明らかにした．瀬川久志，清水幸丸（2008）「自治体所有の大型風力発電所の経営状態に関する財政学的考察　第一報」日本地方自治研究学会『地方自治研究』Vol.23. No.2, P.22（本書の第2章，表2-7）
4) NEDO『平成18年度風力発電利用率向上調査委員会および故障・事故等調査委員会』平成19年3月，p.59
5) せたな町議会配布資料による．
6) 図注 3-1 は特別会計の実際のデータを使って分析した損益分岐点であり，参考までに掲載し

た．風力発電特別会計の会計年度は1月からなので，2006年度からのデータをもとに損益分岐点分析を行った．RPS法が施行された直後の大型風力発電所である．売電価格は，2006年度の売電実績を発電量で割れば求められるので，その値を用いて2007年度，2008年度の売電収入を計算した．この計算方法による売電収入推計と，2008年度予算における売電収入は一致しているから推計計算は正しい．収入は稼動期間の平均とし，メンテナンス費用を収入の10%として計算した．総投資額28億円，稼動可能期間は17年として計算した．

7) 高田和彦「風力発電推進市町村全国協議会第2回RPS法評価検討小委員会資料」平成17年11月29日
8) 山口歩（2000）「日本における風力発電の課題と展望」『立命館産業社会論集』第42巻1号，P.215
9) 次のサイトを参照．
 http://www.boj.or.jp/type/release/teiki/tame_rate/kijyun/kiju9907.htm （アクセス，2009.8.30）

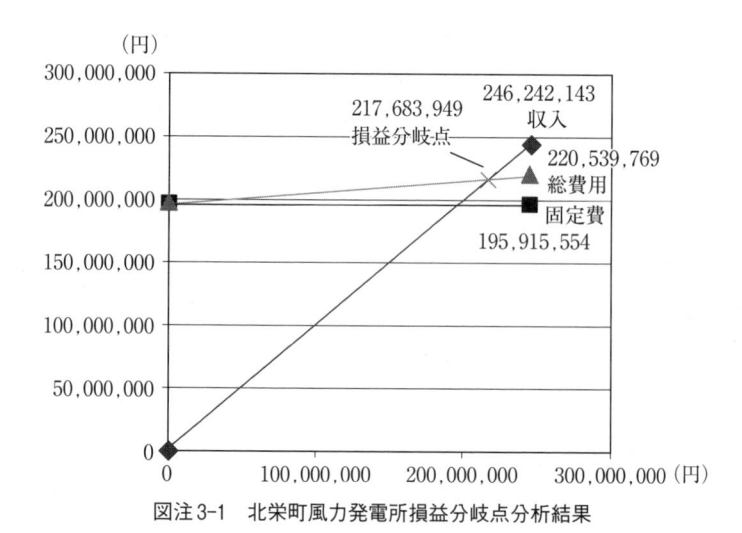

図注3-1　北栄町風力発電所損益分岐点分析結果

第4章

ツーリズム資源としての風力発電

1. はじめに

　20世紀後半における，二度にわたる石油危機と地球温暖化対策の切り札として，1980年代から世界的規模で導入が進められてきた風力発電に関しては，すでに国際的なスケールで研究が行われている．国際的にもそうであるが，風力発電所建設の初期において，また，最近においても，電力生産や，二酸化炭素の削減といった本来の目的とは別に，ツーリズムという角度から風力発電を利活用するという，風力発電の地域経営との関連での研究課題がある．

　補論の2.4「景観・環境」と，4「風力発電と地域経済（ツーリズム・景観）」でサーベイしたとおり，風力発電と地域環境や景観に関する研究は，風力発電に関する研究の中でも，最も数が多い分野の1つである．ツーリズム資源として，風力発電を評価する作業は，こうした研究動向と背景要因を共有している．中でも，論文番号［1.15］［2.42］［2.43］［4.4］［4.5］の研究は，サーベイで述べたように，本章の研究に先行して行われた貴重な研究である．第4章は，より積極的にツーリズム資源として活用できるように，研究を展開させたものである．

　大型の商業用風力発電所が，強力な財務力，最近では国際金融資本を背景に大手電力会社系デベロッパー，大手商社等によって建設・運営されて，地域社会との連携が疎遠になる傾向があるのに対して，自治体風車や市民風車，ヨーロッパやアメリカでは，協同組合所有風車，コミュニティ・ウインド（Community

Wind) というかたちで，地域社会の構成員・担い手によって運営され，地域に利益が還元される，住民主導の地域経営による，ウインド・ファームの運営の実践・提案が数多く見られる．また自治体条例形成過程への影響に関する研究も見られる[1]．日本に特徴的な自治体風力発電は，地域経営の，きわめて今日的な課題と一体となった課題を包含している．日本と似た自然エネルギーの導入システムを持っている韓国においては，自然エネルギーの開発に果たす地方自治体の役割が強調されている[2]．遠隔の地にあって，いまだにグリッド接続を持たないか，石油の高騰から再生可能エネルギーへ転換せざるを得ない地域や島嶼においても，再生可能エネルギーの地域経営（コミュニティー・ベイスド・エンパワーメント）が求められている．

　第4章は，かかる課題意識に基づき，わが国で，観光施設に併設されて風力発電所が建設された北海道苫前町風力発電所，新潟県上越市うみてらす名立風力発電所，島根県出雲市キララ・トゥーリ・マキ風力発電所，愛知県田原市風力発電所，大分県日田市椿ヶ鼻ハイランドパーク風力発電所の5つの風力発電所について行った，現地調査，観光客への面談式アンケート調査結果等に基づき，ツーリズム振興における自治体風力発電所の現状を検証し，地域経営に果たす風力発電の課題と展望を，風力発電の価値という概念規定[3]を定立し，検討するものである．欧米の研究でも，風力発電所をツーリズムや地域経済振興の観点から取り上げたものが数多く見られ[4]，今後の地域づくりのあり方に教訓を引き出せると考えた．

　以下，第2節で，風力発電所立地地域の，風力発電所と一体となった，ツーリズム振興の実態を検証する．ついで，第3節では，ツーリズム価値という概念設定のもとに，各地域の比較検討を行う．そして第4節で，これまで明らかにされてこなかった，風力発電所にツーリズム価値を発現させる感性面での価値を，感性評価という手法で検討する．そして，最後に結論で，風力発電研究に求められる研究上の論点を整理し，地域政策立案面での課題についても，若干議論を展開した．

2. 風力発電所立地地域のツーリズム効果

　図4-1は，風力発電推進市町村全国協議会の資料[5]から，筆者が作成したデータであり，設置箇所数で，地方自治体所有の風力発電所は，28%のシェアを持っており，地域に果たす役割が大きいことが分かる．この章では，ツーリズムと風力発電の関連で，代表的な地域について，風力発電所経営を検証する．

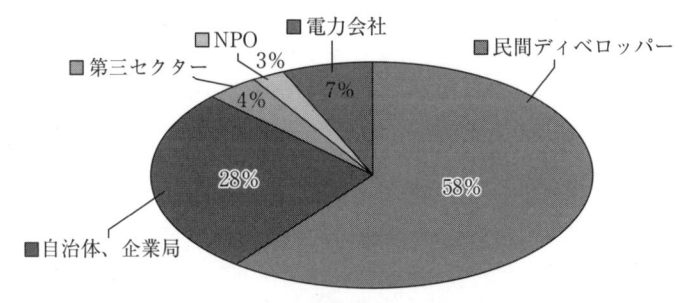

図4-1　風力発電所の経営（設置個所）

2.1　キララ・トゥーリ・マキ風力発電所（旧多伎町，現・島根県出雲市）

　後述する，道の駅・うみてらす名立と肩を並べ，それ以上の集客力を誇るのが，島根県出雲市キララ・トゥーリ・マキ風力発電所（以下「キララ風力発電所」と呼ぶ）が位置する，道の駅キララ多伎である．キララ・トゥーリ・マキ（Kirara Tuuli Mäki）は，フィンランド語で「風の丘」を意味する．出雲市と合併する前の旧多伎町によって建設されたキララ多伎は，第三セクター「株式会社多伎振興」（指定管理者認定）によって管理運営され，民間のノウハウが経営に活かされた活性化施設である．国道9号線からキララ多伎へ入る，日本海に面した小高い丘に，風力発電所が建設されている．発電所と隣接して位置するキララ多伎は，レストラン，キララ・ビーチ，オート・キャンプ場，バーベキュー・ハウス，トゥーリ・マキ公園，見晴らしの丘公園などをメイン施設とする，多角的な地域活性化施設である．国道9号線沿いに位置し，出雲大社，世界自然遺産に登録された石見銀山の中間点に位置するところから，立ち寄る人は多い．島根県観光動態調査結果から，主要な施設について，入込客の推移を示すと表4-1

表 4-1　島根県観光動態調査結果

(人)

	2000	2001	2002	2003	2004	2005	2006
キララビーチ	74,850	100,450	90,450	87,980	129,480	139,470	97,230
海水浴場	61,500	85,000	77,250	65,110	77,750	86,190	54,385
キララコテージ	5,531	11,150	10,845	72,177	80,190	52,095	46,974
キララ多伎	336,376	418,883	415,894	428,011	424,668	519,365	532,367
マリンタラソ出雲							46,420

のとおりである．海水浴場を含むキララ・ビーチには，毎年7～14万人の人が訪れ，キララコテージの利用客も，5～8万人を数える．各施設とも，数字は重複カウントになっているはずであるが，道の駅・キララ多伎全体では50万人を超える集客力を持っている．施設から見上げるように立っている風力発電所と海と夕日，そして主要施設の組み合わせが特徴的である．多伎振興の出資者は出雲市，いずもJA，多伎町商工会，JFしまねで，従業員は調査時点で68名であり，規模が大きい．

　2006年には，マリンタラソ出雲が開業し，出雲市によって運営されている．公営の宿泊施設であるが，温水プール，レストランを併設し，夕方から夜にかけては，宿泊客のみならず近隣の人たちで賑わっている．キララ多伎は，風力発電所と活性化施設が，シナジー効果を発揮したケースとして特筆される．本章の執筆にあたり，2009年5月の大型連休を利用し，キララ多伎とうみてらす名立，そして時期をずらして，7月に苫前町の観光施設・ふわっとへの来訪者に対するアンケート調査を行った．前2者は観光施設での面談式アンケート調査，苫前町については町役場へ依頼し，苫前温泉ふわっとの宿泊客へのアンケート調査と，町職員へのアンケート調査を行った．図4-2は，キララ多伎の来訪者へのアンケート結果であり，景観との調和に関する質問では，全体の85%が「なじんでいる」と肯定的に答えた．

　キララ多伎への来訪回数は多く，地元の人の施設としてなじんでいるところから，かかる結果になったと思われる．

　風力発電所のイメージカラーについては，第4節の感性評価のところで紹介する．キララ多伎への聞き取り調査では，風力発電所の，道の駅に対するシンボル性が浮かび上がった．地球環境保全のシンボルでもある．

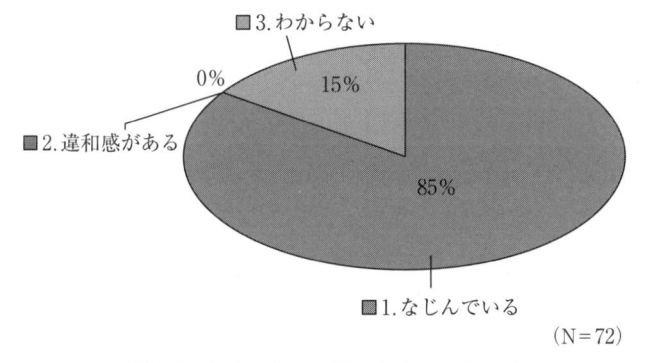

図4-2 キララ多伎の感想（景観との調和）

2.2 うみてらす名立風力発電所（旧名立町，現・新潟県上越市）

　上越市には，互いに隣接しているが，風況の異なる3つの地域に，風力発電所が立地している．その中のひとつが，ここで検討するうみてらす名立風力発電所である．地域活性化交流拠点施設うみてらす名立の集客力は，入浴施設ゆらら，地場物産館，海鮮レストランをメインとする海の楽市を中心に，年間31万人強の集客力を有し，風力発電電力の60.7%を同施設に供給している．うみてらす名立風力発電所は，ゆららに隣接した海側に位置している．

　風力発電所は，電力供給面で，うみてらす名立の営業経費の節減に貢献しており，もともと，そのことを意図して発電施設が建設された．風力発電所を含むうみてらす名立は，多様な地域振興関連補助制度[6]を巧みに利用した，地域振興の成功事例である．発電所は，うみてらす名立の運営母体である株式会社夢企画名立に委託されていたが，平成20年度からは，経費がかさむことなどを理由に，市へ返還された．図4-3に，うみてらす名立への，入込数の推移を示した．

　観光レジャー施設一般に共通する，オープン時の立ち上がり効果をへて，入込数は漸減している．これは，相次ぐ地震災害による影響が作用している．2000年7月20日にオープンし，2001年7月20日，宿泊施設光鱗（こうりん）がオープンした．2004年10月23日には，中越大震災発生，2007年7月16日に，中越沖地震が発生している．うみてらす名立では，地元雇用が図られ，定住に貢献する一方，また地元の海産物や食材が利用されることで，地域への波及に貢献している．図4-4は，うみてらす名立での風力発電所についての感想である．来訪者

図4-3 うみてらす名立観光客の推移

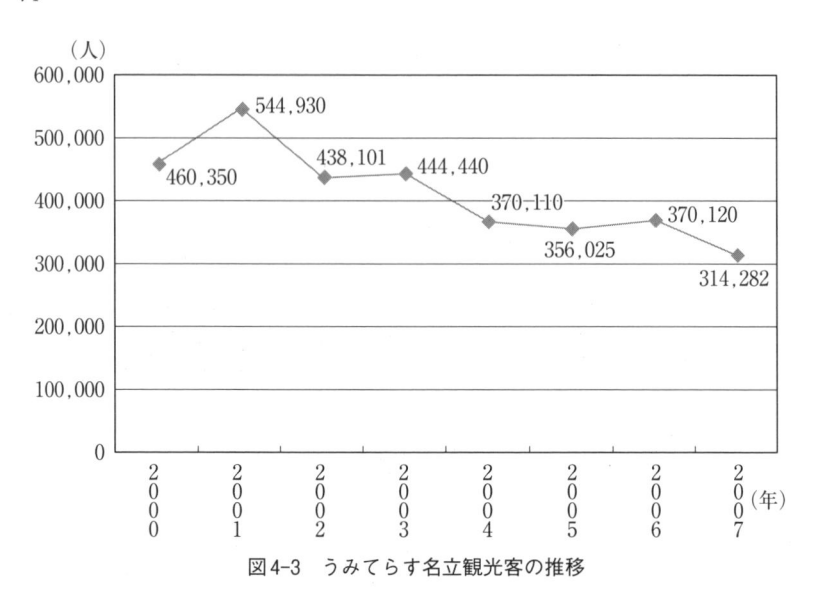

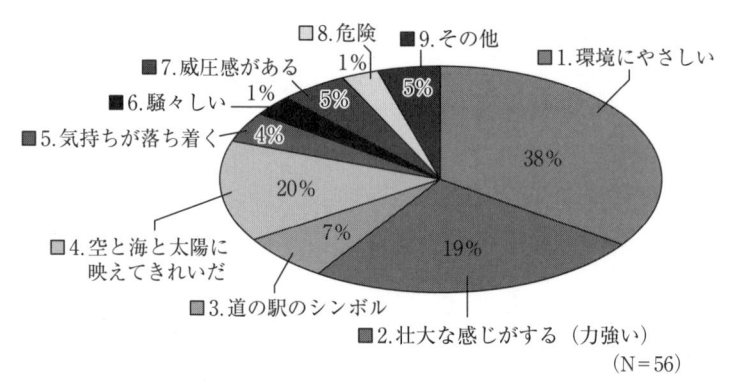

(2000) 460,350
(2001) 544,930
(2002) 438,101
(2003) 444,440
(2004) 370,110
(2005) 356,025
(2006) 370,120
(2007) 314,282

図4-4 うみてらす名立風力発電の感想（複数）
(N=56)

1. 環境にやさしい 38%
2. 壮大な感じがする（力強い） 19%
3. 道の駅のシンボル 7%
4. 空と海と太陽に映えてきれいだ 20%
5. 気持ちが落ち着く 4%
6. 騒々しい 1%
7. 威圧感がある 5%
8. 危険 1%
9. その他 5%

の50%が，はじめての来訪者であったが，全体の80%が「なじんでいる」と答えた．感想では，全体の40%弱が「環境にやさしい」と答えたが，「壮大な感じがする（力強い）」も19%の回答があった．

これは，風力発電所が来訪者の至近距離にあり，コンクリート構造になっているため，真下から見上げる位置では，「壮大な」感じを受けるためである．風力発電所は，見る位置によって印象が異なる．面談式アンケート調査の会話の中

で，至近距離にいる回答者の中には「威圧感を受ける」と述べたものが多数いた．

2.3 夕陽ヶ丘風力発電所（北海道苫前町）

苫前町の夕陽ヶ丘風力発電所では，とままえ温泉ふわっとを中心に，海水浴場（ホワイト・ビーチ），夕陽ヶ丘未来公園などが，風車と一体となった観光レジャー空間を形成している．「ふわっと」は，第三セクターで運営されているが，設立に当っては，住民参加によって議論され，提案が行われた．「ふわっと」という愛称は，風とWを合成して考えられたもので，これをして風力発電の象徴のような施設と考えられる．

「ふわっと」は，苫前町職員に対して行った，町内の観光施設でぜひ訪問してほしい観光施設5つを選ぶアンケート調査（2009年7月実施）では，最高の位置づけを与えられており，サンプル数79のうち78（図4-5）を占めた．日本海に沈む夕日に映える風力発電所を施設から眺めることができ，宿泊施設と温泉施設は，地域内外の人々によって利用されている．宿泊客へのアンケート調査では，全体の58%が5回以上の来訪者であった．

第三セクターと大型の民間風力発電所の誘致に成功した同町については，少なくない調査報告やドキュメントが書かれている[7]．

同町の資料によって，風力発電所と一体として整備されている，観光レジャー

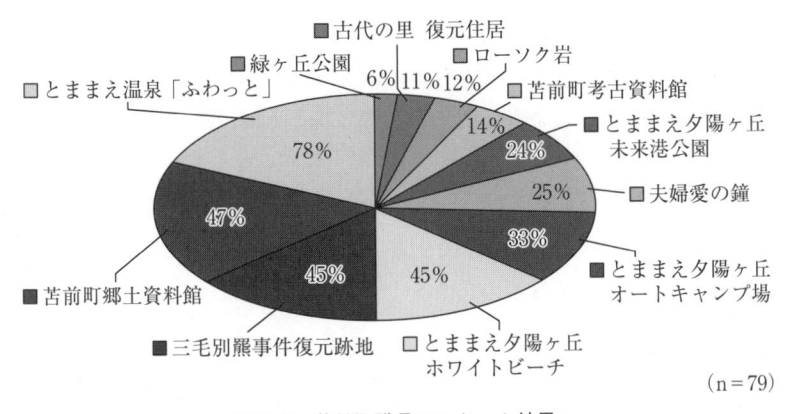

図4-5 苫前町職員アンケート結果
（n=79）

表 4-2 苫前町観光施設入込数

(人)

	1998年	1999年	2000年	2001年	2002年	2003年	2004年	2005年	2006年
苫前海水浴場	51,618	41,363	57,498	58,512	44,988	41,533	52,366	43,386	44,391
夕陽ケ丘オートキャンプ場	9,622	7,907	10,218	9,004	7,116	6,404	6,521	5,892	5,404
とままえ温泉ふわっと				85,708	88,660	86,247	78,723	72,499	72,803

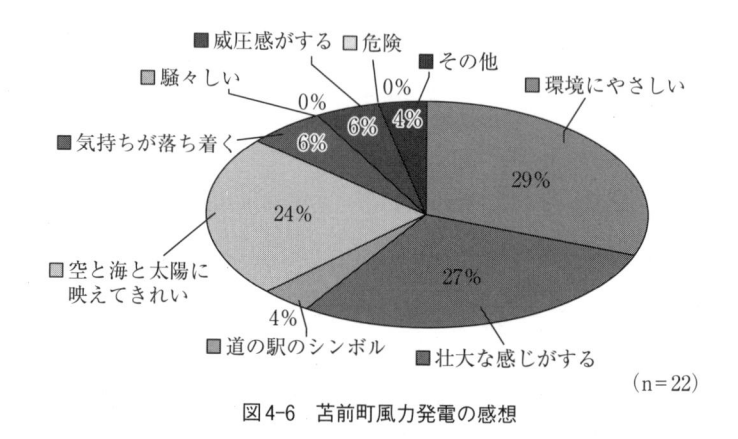

図 4-6 苫前町風力発電の感想

施設の利用状況を表4-2にまとめた．夏場は海水浴場とオート・キャンプ場の利用者で賑わい，例年5万人の人びとが訪れる．温泉の利用者と宿泊者は旭川動物公園，札幌商業施設など，他の観光地に押されて減少しているが，年間7～8万人の観光客が訪れる．しかし，観光価値という点では，うみてらす名立，キララ・トゥーリ・マキ風力発電に比べると集客力が小さい．アンケート調査では，「環境にやさしい」「壮大な感じがする」「空と海と太陽に映えてきれいだ」がそれぞれ，29％，27％，24％で，他の地域と似た傾向を示しているが，「空と海と太陽に映えてきれいだ」のウエイトが大きいのが特色である（図4-6）．

宿泊客に苫前町の風力発電の今後を聞いた結果である図4-7では，「もっと増やす」が40％で，太陽光発電の32％を上回っているのは，土地の広大さを反映しているといえよう．

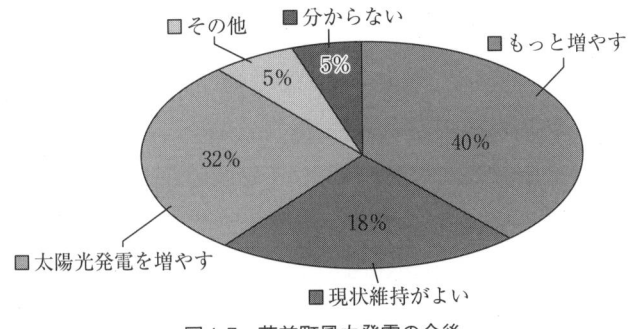

第4章 ツーリズム資源としての風力発電　77

```
        ■その他  ■分からない
          5%      5%              ■もっと増やす

                                      40%
              32%

                        18%
   ■太陽光発電を増やす
                    ■現状維持がよい
```

図4-7　苫前町風力発電の今後

2.4 田原市風力発電所

　愛知県田原市も，日本で有数の風力発電所の集積地であり，東海道新幹線，JR東海道線の車窓から，風車群の一部を眺めることができる．しかし，どちらかといえば，工業地帯と港湾に立地しているため，風車の景観が観光資源と調和して相乗効果を発揮しているとは言い難い．

　しかし，田原市による興味深いアンケート調査結果があり，図4-8に見られ

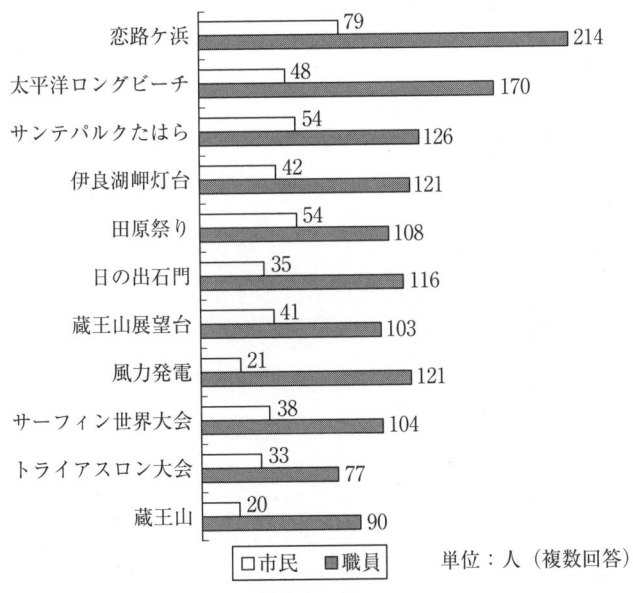

```
恋路ケ浜          79              214
太平洋ロングビーチ  48         170
サンテパルクたはら  54       126
伊良湖岬灯台       42       121
田原祭り           54       108
日の出石門         35       116
蔵王山展望台       41       103
風力発電           21       121
サーフィン世界大会  38       104
トライアスロン大会  33    77
蔵王山             20     90
                □市民 ■職員   単位：人（複数回答）
```

図4-8　田原市観光資源ランキング

るように，観光資源についてのアンケート調査の中で，職員と市民の合計で，風力発電所は上位につけているのである．市営風力発電所の1つが蔵王山展望台に設置されており，ランキングは高い[8]．図では下位に位置する観光資源は省略した．

2.5 椿ケ鼻ハイランドパーク風力発電所

　大分県日田市の旧前津江村で建設された風力発電施設は，すでに先行して整備されていた椿ヶ鼻ハイランドパークに，電力を供給するために建設され，風の湯を中心とした風の館に，年間9,000人の来訪者がある．風の湯は，風力発電で沸かす日本でも珍しい準天然温泉である．ハイランドパークに隣接した，すり鉢状の地形の風の通り道に，2基の風車が建設されている（写真4-1）．旧前津江村は，基本的に通りぬける道路がないために，山家の面影を残した自然豊かな土地で，自然と人情豊かな土地柄を今に伝えている．ハイランドパークへの入込は，年間3～4万人を維持していた（図4-9）．平成10年4月，風力発電所運転開始，平成11年4月風の館が開業，操業を開始し，入込数が増大していることが，図から読み取ることができる．

　平成10年の入込数は4万7,411人で，前年の4万5,776から2,000人近くの増加，翌11年には5万5,487人へ，12年には8万744人へと急増している[9]．風力発電所建設による効果の純増分と考えてよい．現状では，地元の特産品がハイランドパークでの販売につながらない，競合するツーリズム施設に客を奪われている，などの課題を抱えているが，観光課サイドと連携したPRも行われている．

写真4-1　ハイランドパーク
（筆者撮影 2008年4月）

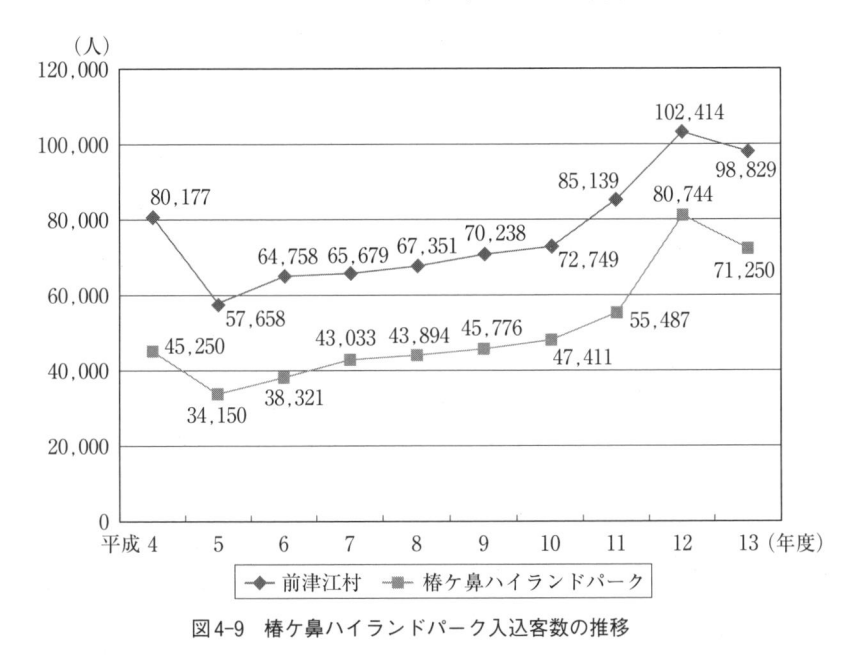

第4章 ツーリズム資源としての風力発電　79

図4-9　椿ケ鼻ハイランドパーク入込客数の推移

3. 風力発電のツーリズム価値の比較

次に，表4-3に，ツーリズム価値の比較結果を示した．風力発電のツーリズム価値は，観光施設に併設されている場合は，観光施設の集客数や観光消費額の多寡，それ自体で表すことはできないので，ここでは，便宜的にそれぞれの風力発電所の年間観光入込客数①を，風車の定格出力②で割った相対値とし，これを

表4-3　風力発電のツーリズム価値

	入込数①	定格出力kW②	観光価値①／②
苫前町夕陽ケ丘風力発電所（H18）	72,803	2200	33
上越市うみてらす名立風力発電所（H19）	314,282	1500	210
出雲市キララ・トゥーリ・マキ風力発電所（H19）	532,367	1700	313
日田市椿ケ鼻ハイランドパーク風力発電所（H13）	71,250	490	145
田原市蔵王山風力発電所（H17）	100,000	300	333

注）苫前町は，とままえ温泉ふわっとの利用数

示した．観光施設に併設された風力発電機をその観光施設の付加価値，つまり他の観光施設に対する差別と戦略の手段と位置づけて評価する．

図4-10に比較できるかたちで示した．やはり，田原市蔵王山風力発電所，出雲市キララ風力発電所，うみてらす名立風力発電所で観光価値が大きく出ており，順に333, 313, 210であった．日田市においても，観光価値は145と大きく出ている．苫前町夕陽ヶ丘では33と低い値になったが，これは風力発電所の定格出力が2,200kWと大きいことと，入込数を宿泊施設に限定したからである．『平成15年度新エネルギー導入促進基礎調査報告書』には，風力発電所が自治体向けアンケート調査の中で，「観光・交流向け」が1位で70%，「レジャー向け」も1位で73%という結果が紹介されているが，本章においても軌を一にした結果となった．ここでの，風力発電のツーリズム価値は，数字による量的価値であり，ツーリズムの価値は，次節の感性評価の質的側面から補完されることが必要である．

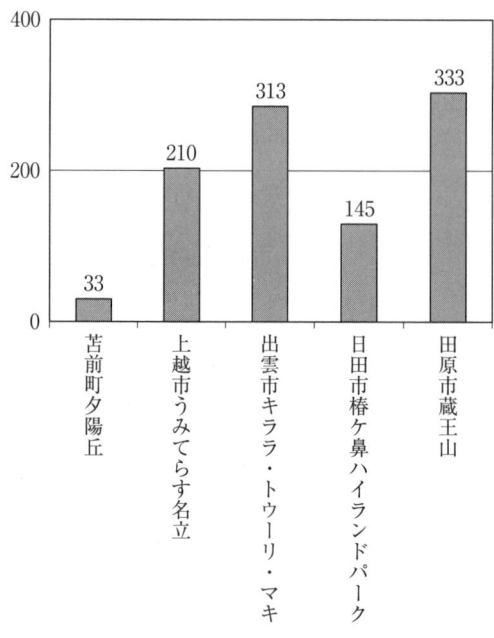

図4-10　風力発電のツーリズム価値

4. 風力発電の感性評価

4.1 風力発電の感性評価の決定因子

　風力発電をツーリズムの資源として地域振興に活かすためには，風力発電の価値が由来する，風力発電の感性面に立ち入り，感性評価を考察することが必要である．ツーリストは，能動的かつ積極的な旅行者であり，ツーリズムによって体験する対象物を主観的に評価し，ツーリズムの行動を選択するからである．ここでは，かかる風力発電のツーリズム価値の隠れたメカニズムを考察する．まず，風力発電の感性評価の対象としての特徴を表4-4にまとめた．

表4-4　風力発電所の感性評価の決定因子

温暖化対策（地球環境）	フレンドリー
規模	比較的小規模立地の継続性ゆえに評価が厳しい 可視性（visual impact）
立地	消費者（居住者）との隣接性
リスク（事故）	小（落雷・台風・津波）
癒し効果	1/fゆらぎ（回転数10〜20rpm）
自然景観との調和	白（グレー）と空・海・森林・農地（田園）・ 夕（朝）焼けとの調和・色彩変化

注）文献調査等により筆者が作成した．

　風力発電が地球環境に対しフレンドリーであり，温暖化対策のエースとして活躍していることは，今回のアンケート調査でも裏づけられた．観光地アンケートと並行して，地球環境と風力発電に対する意識調査を，学生アンケート調査によって行ったが，地球環境にやさしいというイメージは，若者の間にも浸透している（図4-11）．風力発電所の発電規模と立地規模は小さく，継続的な建設になるので評価が厳しく，周辺環境への適合性が常に問われることから，ここで検討する感性評価が重要な評価項目となる．
　ソーシャル・アクセプタンスという議論の中心概念になる．また，風力発電所のリスクは，機械に固有の故障は別として，落雷，台風，津波によるリスクに限定される．風力発電所は，配置やデザイン・技術的対処を間違えなければ，人に

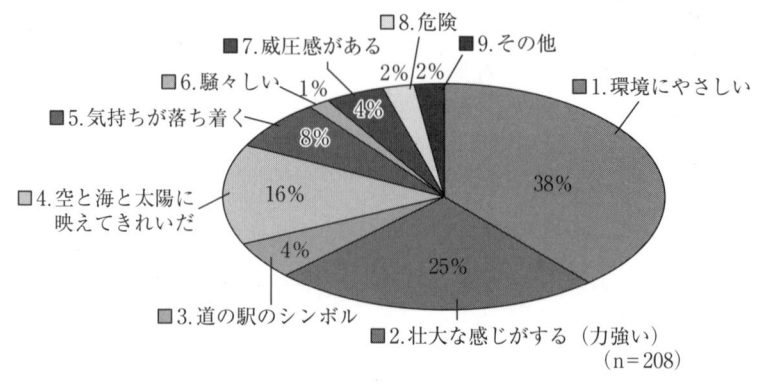

図4-11 風力発電に対する感想（学生）

（凡例）
- 1. 環境にやさしい 38%
- 2. 壮大な感じがする（力強い） 25%
- 3. 道の駅のシンボル 4%
- 4. 空と海と太陽に映えてきれいだ 16%
- 5. 気持ちが落ち着く 8%
- 6. 騒々しい 4%
- 7. 威圧感がある 1%
- 8. 危険 2%
- 9. その他 2%

（n=208）

優しい発電システムである．逆に，配置等にミスを犯すと，景観に悪影響を与え，合意形成が難しくなる．風力発電は，自然景観と調和させる余地が大であり，風光明媚な景勝地を独占してしまう傾向にある原子力，化石系と比べると，はるかに自然・田園空間に溶け込む特質を持つ．

4.2 風力発電と「ゆらぎ」

次に，「ゆらぎの科学（1/f frequency）」からの検討を行う．「1/fゆらぎ」は，武者利光によれば，「ものの空間的，時間的変化や動きが，部分的に不規則な様子」で，その発生機構は未だに解明されていないが，「ろうそくの炎，そよ風，小川のせせらぎなどの様々な自然現象の中に発見され」「人の心拍の間隔，クラシック音楽，手作りのものなども1/fゆらぎになっている」[10]とされている．以下，風力発電は，「周辺の美しい環境と一体となって，独特な景観を形成することにより1/fゆらぎを生じ，見るものを和ませる」との仮説を立てて，しばらく考察を加える．手がかりになるのは，感性工学の分野で行われた，風力発電のコンピュータ・グラフィクス（CG）に対する，被験者の感性評価の結果である．この研究[11]によれば，鳥取の砂丘，沿岸住宅地，平野部の山地，海上の4地点に，CGで合成した写真を被試験者に提示し，感性評価イメージを得たところ，「印象的な」「存在感のある」「斬新な」「壮大な」という感性形容詞が多数を占め，「風車というシンボリックな構造物に視点が引き付けられたことによる」とされる．この試験結果は注に記した，風力発電に対する表層的記号化[12]と一致する．

また，筆者が行った観光地アンケートでも，質問項目は異なるが，前掲図4-4と図4-6によって，観光客が風車に惹きつけられていることが明らかになった．これらの風力発電に対する，プラスのイメージを表す感性形容詞（「環境にやさしい」「気持ちが落ち着く」「壮大な感じがする」「空と海と太陽に映えてきれいだ」）は，次に見る紅葉の色調変化と1/fゆらぎとの関係を解明した研究の，被験者の紅葉の色調変化に対するイメージに関係する．この研究では，紅葉の見ごろよりも，色づき始めの色調に「ゆらぎ」が対応しており，景観の緑と赤のコントラストが，快適性を生じているとしている[13]．今回は，風力発電が見る者の目に，どのような色調で映っているかを確かめるために，色調感覚の設問を用意した．結果は次節で示す．

4.3 風力発電の文化・芸術性

風力発電の感性評価は，写真や絵画，建築，場合によっては，小説によっても検証できる[14]．朝日新聞社が主催して，今回で7回目を迎える「風車のある風景」絵画コンテストは，史上最高の応募者数の中から優秀作品が選ばれ，2008年11月23日の朝日新聞紙上に掲載された（J-Power 電源開発株式会社協賛）．

小学生が描いた絵は，夕焼けを背景に風力発電が壮大に回転し，その回転にあわせるように舞う，赤とんぼがうまく描けている．また女子高校生が描いたものは，風力発電を借景として，秋空に，元気よく咲くコスモス畑が，虫を追う子どもとともにうまく表現されている．

風力発電を含む景観は，季節や時間，そして気象条件の変化や角度によって，様々な色調変化（ゆらぎ）を生じる．グリーン・マウンテン・パワー（green mountain power）が，アメリカ・バーモント州で経営するシーズバーグ風力発電所の風車は，冬場の凍結からブレードを守るために，ブ

写真4-2　銚子市高田町椎柴風力発電所　1号風車　Enercon E-82 1990kW
（筆者撮影2009年8月23日）

レードが黒色に塗られている．そのことが周辺の緑と調和し，また珍しいため多くのビジターを惹きつけているといわれる．ウインド・ファーム・ツアーが公的機関によって提供されている．ただし現場への飲食とペットの持ち込みは禁止されている．

　速いスピードで流れる雲を背景に，下から風車を眺めると，風車が雲の流れと逆の方向へ動き，まるで飛行物体ではないかとの錯覚が心地よい（写真4-2）．

　この項の最後に，インターネット上に主宰されている，風力発電に関する魅力的なサイトを注に紹介する[15]．筆者らのアンケート調査では，風力発電は，見るものの目に青，緑の色彩基調で映っていることが分かる．図4-12は，うみてらす名立への観光客アンケート（実際の色に関係なく頭の中でイメージする色）である．アンケート結果では，青，緑の自然系の色が大半を占めたが，人によっては灰色や黄色に映る．

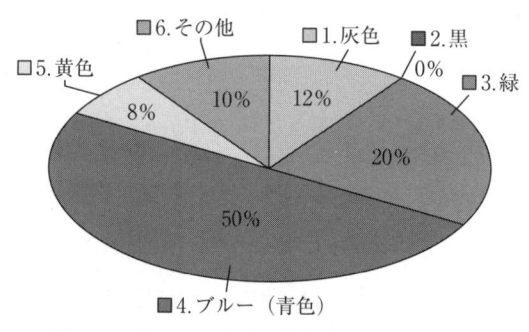

図4-12　うみてらす名立観光客イメージカラー

　図4-13は，うみてらす名立風力発電所に隣接した，住宅地の住民に対するアンケート調査であり，青，緑といった自然色彩感覚が弱くなっている．これは地域活性化施設うみてらす名立と，風力発電所に対する，複雑な住民感情が働いた結果である．住宅地への聞き取り調査では，道の駅や風力発電所に対する疎遠な意見がいくつか聞かされた．風力発電所が，地域のものになりきっていないと推察される．図4-14は，苫前町風力発電所に対するイメージカラーであるが，調査では青に対するイメージカラー（54％）がもっとも強く出た．北海道特有の大自然に育まれた，風力発電の感性評価である．

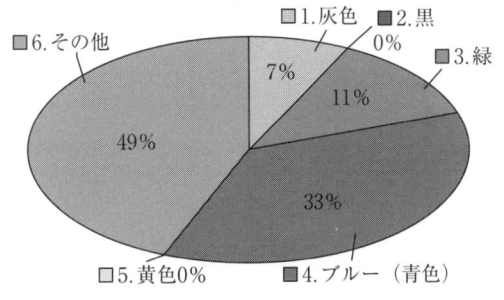

図4-13　風力発電のイメージカラー（周辺住民）

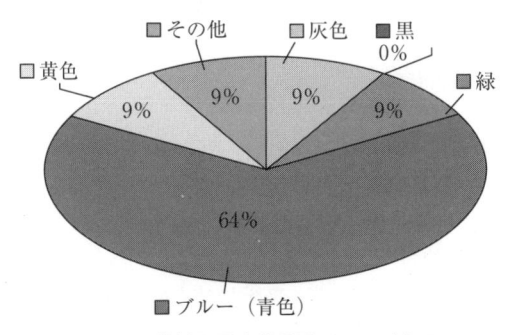

1.灰色 7%
2.黒 0%
3.緑 11%
4.ブルー（青色）33%
5.黄色 0%
6.その他 49%

図4-14　苫前町風力発電所イメージカラー

その他 9%
灰色 9%
黒 0%
緑 9%
黄色 9%
ブルー（青色）64%

　以上，風力発電が人をひきつけ，「風車を見に行こう」とか，「風の美的表現」といわれるのは，風車が背景自然景観とよくなじみ，両者が相互に借景となることにより，太陽，雲，空，海，風，霧などの自然条件により，色彩感覚の変化を生じ，観察者に「ゆらぎ感」を与える存在でると考えられる．

　参考までに，同じ学生に対するアンケート（図4-15）では，風力発電は風車の模型，デザイン入りグラス，ノート・メモ帳などのみやげ物として活用できるという．子どものころから，東京ディズニーランドや，ユニバーサル・スタジオ・ジャパン（USJ）などで，目の肥えた若者の感性は決して無視できない．苫前温泉ふわっとでは，風車グッズが土産物売り場のコーナーを飾っている．

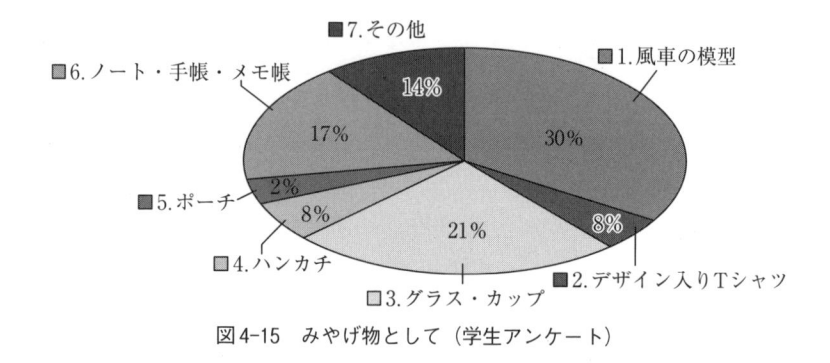

図4-15　みやげ物として（学生アンケート）

1. 風車の模型 30%
2. デザイン入りTシャツ 8%
3. グラス・カップ 21%
4. ハンカチ 8%
5. ポーチ 2%
6. ノート・手帳・メモ帳 17%
7. その他 14%

5. 結論と若干の議論

　本章においては，日本の自治体風力発電所のうち，観光振興を掲げた，いくつかの地域について分析し，それぞれが，濃淡のある個性的な展開を遂げたことを明らかにした．風力発電は，その利活用のあり方によって，多面的に地域振興につながる発電方式であり，ここでは，ツーリズムの角度から，それを検証した．その利活用は，電力生産と販売のためのハードウェアであるのみならず，風を地域振興に活かそうとする人びとと，地域を訪れる人びととの心の持ちようにまで変換して生産する，ソフトなエネルギー生産方式である．来訪者も風力発電に触れることで，地球環境とその保全の大切さを認識する．環境学習の意義は大きい．

　デンマークのサムソ島は，「再生可能エネルギー100%の島」を実現し，年間50万人のツーリスト（宿泊客）が訪れる，ツーリズム先進地となった．これに比べて，日本の再生可能エネルギーは，省庁の補助金の枠に制約された，縦割り型振興策の性格が強いので，サムソ島のような総合的地域戦略が実行しにくい．観光地アンケート調査は，来訪者にとって風力発電が観光地になじみ，背景景観に溶け込んでいることを教えてくれた．もちろん，風力発電に違和感を覚える人もいないわけではないが，全体として，観光施設の価値を増幅する方向で認識され，風車がない場合よりも周辺環境・自然配置の中で，ある種の感性をはぐくむ存在であり，利活用の仕方によっては，観光地の優劣を左右する存在でもある．観光地の経営が地元住民に開かれた存在でない場合には，風力発電に対する意識

もいびつなものになる．

　風力発電に対する反対感情は，そのようなソーシャル・アクセプタンスの設計ミスから起こる．ゆえに，地域経済社会の多様性を踏まえた，他の地域振興策を併用して建設・運営できる弾力的な補助体系，複合的な再生可能エネルギーの中で，価値が最大化できるような支援策が，考案・実施されるべきである．風力発電を含めた再生可能エネルギーの普及のために果たす地方自治体の役割は大きく，自主財源の充実を中心に，エネルギー政策の分権化が必要である．新エネルギー政策推進当局・機関は，そのための財政等支援を充実すべきである．また，地域の側にあっても，他の地域資源と連携のない「裸の」風力発電の運営を継続すべきではない．地域の風力発電の位置づけについて再検討すべきである．この点については，第7章で，より積極的な議論を行う．

写真4-3　シンボル風車

注

1) Chad Martin and Klein Ileji, "The Wind Energy Ordinance Process for Local Government," PURDUE EXTENSION ID-407-W
http://www.ces.purdue.edu/extmedia/ID/ID-407-W.pdf　（アクセス，2009.8.30）

2) Dr. DAE GYUN OH, "Wind Farm in Cheju Island," WIND FARM IN CHEJU ISLAND

3) 風力発電の価値を次の式で示す．売電収入と自家消費部分が電力価値で，二酸化炭素の削減という環境価値に加え，ツーリズム価値を含む地域（経済）振興を分析することの意味は大きい．本論文はツーリズム価値に焦点を合わせて検証を行う．

$$風力発電の価値 = \left(\sum_{i=1}^{n=20}（売電収入）+自家消費 \right) + \sum_{i=1}^{n=20}（CO_2削減量 \times CO_2排出量取引価格） + \sum_{i=1}^{n=20}（税収価値+ツーリズム価値+地域経済価値）$$

財団法人社会経済生産性本部の『平成15年度新エネルギー導入促進基礎調査報告書（省エ

ネルギー・新エネルギーのレジャー資源化に関する総合調査）報告書』（平成16年3月）では，風力発電を含む新エネルギーをツーリズム資源ととらえ，それが地域経済に及ぼす波及効果を検討するなど興味深い．

写真4-4は，旧立川町が他地域に先駆けて導入したアメリカ製の風車（100kW3基）である．風車が立派に商用電力源として機能することを立証した，記念碑的な風車である．今は現役を引退し，庄内町の「ウインドーム立川」の敷地内に，立川町シンボル風車としてライトアップされ保存されている．

立川町は，自治体風力発電所の組織である，「風力発電推進市町村全国協議会」の生みの親であり，日本の風力発電の創生と発展に貢献した業績は大きい．ウインドーム立川は自然エネルギーに関する展示学習施設のほか，バッテリーカーを配した公園，自然実習室を備え，ラベンダー祭りなど，イベントを中心に近隣から訪れる人は多い．町営風力発電と第三セクターによる風車群は，最上川の右岸，国道47

写真注4-1　庄内町風車
（筆者撮影2007年11月）

表注4-1　実施したアンケートの概要

	調査場所（対象者）	調査年月日	調査方法（実施者）	回収数
きらら多伎 （出雲市）	道の駅「きらら多伎」施設内および周辺海岸等（来訪者）	2009年5月9日，10日，11日　終日	対面アンケート調査（筆者と学生1名）	72
うみてらす名立（上越市）	道の駅「うみてらす名立」施設内および周辺（来訪者）	2009年5月2日，3日，4日，終日	対面アンケート調査（筆者と学生2名）	56
	道の駅周辺住民	2009年5月3日午後	戸別訪問ヒアリングおよびアンケート（筆者と学生2名）	26
苫前町職員アンケート	苫前町	2009年7月	町へ依頼	79
とままえ温泉ふわっと	とままえ温泉ふわっと（宿泊客）	2009年7月20日から8月	匿名記入アンケート調査	22
学生アンケート	東海学園大学人文学部・経営学部・人間健康学部	2009年4月末	匿名記入アンケート調査（授業担当者に依頼）	208

注）とままえ温泉ふわっとは，苫前町事務局に依頼して実施した．

号線に挟まれた田園地帯に建設されている．名峰月山を抱く山系を背景にした，風車の景色は訪れる者の目を引く（写真注4-1）．

本章のツーリズム価値と後述する感性評価の検証のために，道の駅（苫前町はとままえ温泉「ふわっと」）への来訪者と，筆者が所属する大学の各学部での学生アンケート調査を行った．調査の概要について，次の表にまとめた．回収数は本文の図の中に N= で示した．

4) ここでは次の研究を参考にした．Offorsharp (2003), "Social, Economic and Tourism Impact Assessment for the Proposed Wind Farm Project at Bald Hills," Prepared for Wind Power Pty Ltd

5) 事務局は現在苫前町が担当しており，エクセル形式の集計データの提供を受けた．またアンケート調査にも協力いただいた．記して謝辞を述べたい．

6) うみてらす名立の建設に利用された補助金は以下の通り．漁港環境整備事業，漁業集落環境整備事業，若者定住促進緊急プロジェクト事業，新山村振興等農林漁業特別対策事業，沿岸漁業漁村振興構造改善事業，新漁村コミュニティ基盤整備事業，漁業経営構造改善事業

7) 高田和彦（2006）「苫前町・風力発電導入と必要な技術的要素」Journal of JWEA, Vol.30, No.4, 2006, 三菱総合研究所「北海道における環境に配慮したエネルギーの持続的利用および北海道産業の活性化に関する調査」別添参考資料ヒアリング結果，平成20年3月

8) 田原市の風力発電およびアンケート集計結果は，次のサイトで閲覧できる．
http://www.city.tahara.aichi.jp/section/kanko/pdf/kankou-plan/03-4.pdf
http://www.city.tahara.aichi.jp/section/kanko/pdf/kankou-plan/03-2.pdf
http://www.nedo.go.jp/nedohokkaido/event/photo/170124project/suzuki29-39.pdf （アクセス，2009.8.31）

9) 旧前津江村の風力発電への取り組みは，一冊の児童教育図書（笠原秀2001，『ばんざい僕らの村の風力発電』PHP研究所）にまとめられており，当時の町長はじめ行政スタッフが，専門家に協力を仰ぎながら，不眠不休で取り組んだ様子が克明に記されている．子どもたちにアンケートを行ったところ，自分たちの村には自慢できるものが何もない，ということが，当時の村長他自治体スタッフを動かした原動力であった．

10) 武者利光氏が主催するゆらぎ研究所HPより．
http://www.bfl.co.jp/yuragi/main.html （アクセス，2009.8.31）

11) 松原雄平「感性工学を利用した海岸景観評価システムの開発」（独立行政法人　鳥取大学）
http://www.pref.shimane.lg.jp/gijutsukanri/event/koryukai/H17text.data/ronbun17-10.pdf （アクセス，2009.8.31）

12) 日本の風力発電の社会的イメージの変遷に関する研究では，技術確立期（～1990年代前半）の代替エネルギーとしての注目から，環境象徴期（1990年代後半）の風景に対する注目（観光資源・まちおこし）へ，さらに表層的記号化期（2000年代～）のインパクトのある視覚像（表層的記号），探訪の対象へと推移したことが抽出されている．
池本和弘・岡田昌雅「風力発電に対する社会的イメージの変遷に関する研究」土木学会「土

13）健康アメニティ科学研究室　須長明子「紅葉時の色調変化に対応する「1/fゆらぎ」に基づく評価と心理的評価との関係」
http://www.tuat.ac.jp/～amenity/aboutHAS/05sunaga.pdf　（アクセス，2009.8.31）

14）直木賞作家，池澤夏樹は風力発電をモチーフにした小説，「すばらしい新世界」（中公文庫）のなかで，風車を感性の側面から生き生きと描き出していて興味深い．主人公は「風車は美しい」とし，「大きいものを見るのはなぜ快感なのだろう．大きく，力強く，ゆるがないものを見ている安心感．護ってもらうような気持と，自分も大きくなったような心地よい錯覚．脅威ではなく驚異」と語っている（同書 p.16）．

　風車は，見る位置によって心的イメージや残像が異なる．筆者は，北陸のある丘陵地に建設されたウインド・ファームを，10kmも遠く離れた位置から眺めたことがある．午後，ちょうど西に傾きかけた太陽を受けて，白い風車群がキラキラ光りながら回転しているのが見えた．それはまるで，子どものころに残っている風車(かざぐるま)のイメージに似た，白い風車群に映った．

15）1つは，世界中のカメラマンによる，フォト・ギャラリー（PBase http://www.pbase.com/）であるが，その中に，ジェニファー・ジマーマン（Jennifer Zimmerman）の，風力発電のギャラリーがある．サイトでは，鑑賞者が相互に意見を述べ合う，チャットが用意されており，写真家の相互啓発の場にもなっている．風力発電所が，フォト・アートとしてフォト・ギャラリーの一角を占めていることは興味深い（Wind Farm near Mendota IL: copyright http://www.pbase.com/littleflurry/illinois_wind_farm）．

　次に紹介するのが RE イマジネーションズ（REimaginations）で，これは再生可能エネルギー，当面は，風力発電をアート表現できるアーチストのために設けられている．2006年から，アメリカ・風力エネルギー協会（AWEA）と提携して，カンファレンスでの展示と独自のウェブ・サイトの中に，展示コーナーを設けて，新人アーチストの発掘，作品の募集（審査方式）を行っているほか，販売も行っている．「風力発電は美しい」「風車は風の美的表現」との信念のもとに活動が行われ，すでに，数多くの風車アーチストが，サイトを賑わせている．引用した事例からわかるように，具象，抽象，スピリチュアルなものまで，多彩な作品が展示され，見るものの目をあきさせない．いずれにしても，風力発電の団体がアートと連携していることは興味深い．また，ホームページを丹念に検索していくと，日本国内外を問わず，アマチュアによる風力発電を扱ったサイトが数多くみられ，その旅行記とともに，風力発電の写真が彼等の Web ページを飾っている．ツーリストたちによる，ツーリズムの中に風車が根付いていることの証左であろう．風力発電所を有する地方自治体の多くが，建設した風力発電機に，住民から愛称を募集し，審査のうえ，愛称で呼ぶとともに，作文や写真コンテストを行っているところがある．このような試みは，風力発電を通して，地域への愛着心をはぐくむ，よい試みである．

第5章

風力発電と電力の自給

1. はじめに

　第5章の目的は，日本の風力発電について，その利用形態が地域産業などの関連施設への電力供給を目的としたケースを取り上げ，地域産業振興の角度からも分析し，その意義を検証することにある．それは電力の販売よりも，電力を必要とする施設への電力供給，したがって自家消費が重要であるところから，A. トフラー（A. Toffler）によって提唱されたプロサンプション（Prosumption）概念を手掛かりに考察し，発電と電力供給の成果を検証する．

　補論4「風力発電と地域経済（ツーリズム・景観）」で，サーベイ結果をまとめ，若干議論したように，風力発電にプロサンプション概念を，創造的に適用することの意義は大きいと，筆者は考えている．この関連で，サーベイを絞ると，3.1「経済分析」でみた，中国の Fang Min ら（2009）の研究は，非常に興味深い．グリッド非接続の産業用風力発電は，著者らのいう「非系統接続風力発電理論」に従って，風況に恵まれた地域で，建設されるべきだとする．そのシステムは，R&D，風力発電装置のアクセサリーの製造，ファンの組み立て，電気制御システム，および他の産業を含む産業クラスターである．この論文で，彼らは大規模な非接続風力発電産業システムの一般理論と原理を確立する意図を述べたのであった（論文番号 [3.20]）．淡水化のための風力発電の研究も，まさに，プロサンプション概念に合致した研究である．

自家発電としての機能も持たせながら，グリッド接続で余剰電力を，メーター方式で売電する方式も，広義のプロサンプションである．このような概念設定を行ったうえで，取り上げたケース・スタディは，漁業（漁港），観光，農業，道路の4つの分野である．現地聞き取り調査と，データ収集を中心に検討し補足的にWebサイトを利用した．電力供給率，電力自給率という2つの指標を構築して，相互比較も行いながら，成果の検討を行った．風力発電の自家発電としての側面についての社会・経済学的検討は，十分に行われておらず，考察された結果は，今後の風力発電の政策面に，活かされると考えた．議論の展開は，まず第2節で自家発電の意義について触れ，ついで第3節で，ケース・スタディの結果を述べ，第4節で地域相互間の比較を行った．最後に，結論として，このような検証が意味するところを若干敷衍し，今後の課題を抽出した．

2. 自家発電の意義

発電した電力を利用するためには，発電された電力を送電線に接続し，配電してユーザーのところへ運ばなければならない．しかし発電した電気を系統接続せず，地域の需要に応じるケースがあり，これは離島や，グリッドから離れた場所で行われている．しかし一般的には，そのまま工場や港湾施設の電源として利用し，自家消費部分を超える電力を売電する方式がある．第1のケースが，グリッド接続の売電方式，第2のケースが，独立電源ないしはオートノマス方式と呼ばれ，第3のケースの中間方式は，「自家消費＋売電方式」と呼べばよいだろう．本書では，オートノマス方式と中間方式を電力の自家消費ないしは地産地消と呼び，具体的にはA.トフラー（1980年）が定義づけした，Prosumption[1]（プロサンプション）なる概念で，ケース・スタディを考察する．その前にまず，日本の風力発電の中で，このプロサンプション風車がどのような位置を占めているかを考察しよう．風力発電推進市町村全国協議会[2]とNEDO[3]の資料によって，全国の風力発電所の中から，自家消費を行っている風力発電所を選び出し，グラフに作成したのが図5-1である．図は自家消費，すなわち純粋なプロサンプション，つまりオートノマス発電と，「自家消費＋売電」を抜き出して，集計

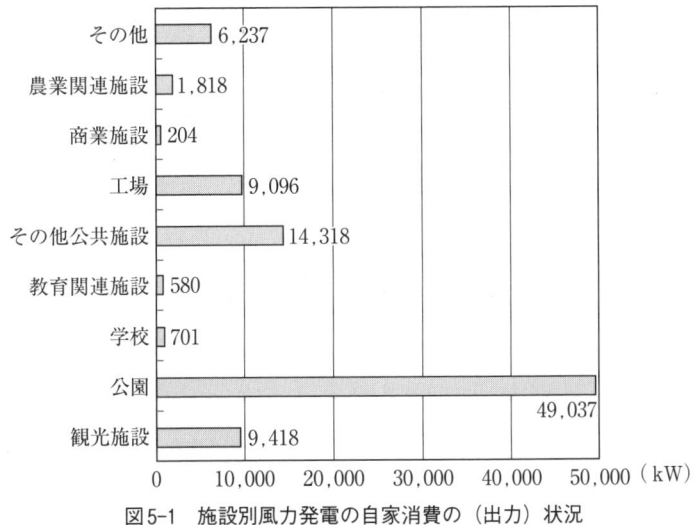

図5-1 施設別風力発電の自家消費の（出力）状況

施設	出力 (kW)
その他	6,237
農業関連施設	1,818
商業施設	204
工場	9,096
その他公共施設	14,318
教育関連施設	580
学校	701
公園	49,037
観光施設	9,418

しグラフ化した．2007年度末で，こうしたプロサンプション風車は，基数で全体の18%を占め，決して無視しえない存在である．定格出力ベースでは10%を切るのであるが，プロサンプション風車は規模が小さいから，出力で比べることには意味がない．図はその用途の比較である．まず明らかなことは，公園への電力需要対応が圧倒的に多い．次にその他公共施設と観光施設であるが，公園施設に分類したものの中には，観光施設といってよいような公園も含まれており，レジャー・観光用の施設に電源を求めるケースは結構多い．ついで工場であるが，スズキ自動車湖西工場のような，工場内自家電源は結構多い事例である．商業施設や教育関連施設での利用や，本章で取り上げるような農業関連施設は少ない．その他公共施設の中には，道路用電源，浄水場，本章で取り上げる漁港などが含まれている．その他は，いずれにも属さないか不明の風力発電である．

このように，日本の風力発電所の中には，基本的にプロサンプションを前提とし，多様な電力需要に対応した構造を持っているものが少なからずある．こうした背景条件を考慮に入れながら，事例研究を行うことは，RPS制度の中で，売電単価が下がり，風力発電事業の先行きが不透明な状況下で，得られる教訓は大きいと考える．自家発電は，電力の供給先の施設がどのような地域産業であるかによって，地域産業の振興策とも関連させて検討される必要がある．本章で取り

上げたケース・スタディは，北海道上ノ国町風力発電所（漁業），茨城県神栖市JFはさき風力発電所（漁業），新潟県上越市うみてらす名立風力発電所（漁業・観光），大分県日田市椿ヶ鼻ハイランドパーク風力発電所（レジャー），宮古島地下ダム風力発電所（農業），福島県中山峠風力発電所（道路）であり，地域経済の振興面も含めて分析した．

分析に先立って，風力発電所の名称と，電力を供給する施設の一覧を，表5-1に示した．

表5-1 プロサンプション風車の一覧

発電所	上ノ国町風力発電所	JFはさき風力発電所	うみてらす名立風力発電所	椿ヶ鼻風力発電所	中山峠風力発電所	地下ダム風力発電所
所在	北海道上ノ国町	茨城県神栖市	新潟県上越市	大分県日田市	福島県猪苗代町	沖縄県宮古市
電力供給施設	栽培漁業総合センター	製氷工場	観光施設&養殖場	観光施設	道路	畑かん施設

注）所在は合併後の自治体名による．

3. 風力発電と自家発電

3.1 上ノ国町風力発電所（漁業）

最初のケース・スタディとして，北海道上ノ国町の風力発電所を取り上げるが，同町には，この風力発電所が電力を供給する施設として，陸上の栽培漁業センターがあり，そこで育てられたアワビは，静穏海域の海洋牧場に移されて，さらに成長するのを待つ．

上ノ国町は，北海道南西部，日本海に面するところに位置し，人口は2008年3月時点で6,172人を数える．4つの漁港と1つの支所とがある．冬場の北西の季節風を意味する「束」と「風」の合成語である「たば風」と呼ばれる強風が支配的であり，平均風速は7.0mに達する．夏場には「やませ」と呼ばれる風が吹くが，これは「山に背を向けていないと飛ばされてしまう」という意味であるとされる．上述した通り，上ノ国にはアワビ，ウニ，ヒラメなどの魚を栽培する栽

培漁業センターがあり，同施設に電力を供給する目的で，1998年に2基の風力発電所が建設された．三菱重工業製の500kW風車である．

　栽培漁業センターは，30mmの稚アワビを50mmの大きさまで成長させ，これを引き続き海洋牧場で成長させて，のちに市場へ出荷する施設であり，年間30万個のアワビを処理する能力を持つ．上ノ国のように，海中でアワビを成長させる方式ではなく，のちに検討するうみてらす名立のように，陸上で成長させる方式もある．いずれにしても，大きな電力を使用する栽培漁業センターに，電力を供給する目的で，風力発電所が建設されたのは自然なことであった．

　風力発電所が，栽培漁業センターの消費する電力よりも，多くの電力を生産する場合，余剰電力はグリッドを通じて，電力会社へ販売される．生産された電力と販売された電力に関する各年度ごとのバランス・シートを，上ノ国町より提供してもらい，データに若干の改良を加えて，次頁の表5-2を作成した．以下，この表をもとに，文言によって説明する．2007会計年度の電力生産は，金額にすると2,535万8,385円（②）であった．しかし，風力発電自体が消費（購入）する電力794万201円（④）があるので，差し引き1,741万8,184円（②-④=⑩）が電力生産である．購入された電力は，栽培漁業センターが，風力発電所からの電力供給がない時に購入した電力（基本料金を含む）は，1,028万7,809円⑪である．したがって，販売から購入を差し引いた713万375円（⑩-⑪）が，キャッシュ・バランス，すなわち利益である．計算の一部の説明を省略したが，同町のキャッシュ・フローはこのような構造になっている．

　このデータから，風力発電が発電した電力のうち，何%が栽培漁業センターへ供給されたかを求めてみると，31.1%（③/① = 70万5,857kWh ÷ 226万6,297kWh）になり，約3分の1が，栽培漁業センターの電力節減分に使われたことになる．残りは売電である．以下本章では，風力発電が発電した電力の関連施設への電力供給を「電力供給率」とし，分析を進め，最後に比較を行う．その前に，これを風力発電所側ではなく，栽培漁業センター側から見て，同センターが消費した電力（円）のうち，何%を風力発電所の電力で賄っているかの値を求めると，風力発電所から供給された電力（794万201円）を，栽培漁業センターが使用した総電力（④+a+b=1,688万5,705円）で割ると求められ，2007年度は47.0%となる．この値を電力自給率とし，経年変化を求めると，図5-2（栽培

表 5-2 上ノ国町栽培漁業総合センター電力利用実績（1,2 号機）

			2007 (H19) 年度
発　電　所		発電量 kWh ①	2,266,297
		金額（円）②	25,358,385
		設備利用率%	25.8
栽培センター	購　入　電　力	風力利用電力量 kWh ③	705,857
		風力利用金額（円）④	7,940,201
		栽培センター電力量 kWh	471,104
		栽培センター電力金額（円）a	5,305,440
		風力発電所電力量 kWh	36,528
		金額（円）	409,226
		（合計）電力量 kWh ⑤	507,632
		（合計）金額⑥（円）	5,714,666
	使用電力量 kWh　③+⑤=⑦		1,213,489
	金額　　　　　④+⑥=⑧		13,654,867
		金額（円）b	3,640,064
		金額（円）	933,079
		（合計）電力量 kWh ⑤	0
		（合計）金額⑨（円）	4,573,143
売　電　電　力　量 kWh　①-③			1,560,440
金　　　額　　　②-④=⑩			17,418,184
支　払　　額（円）⑥+⑨=⑪			10,287,809
差　し　引　き（円）⑩-⑪			7,130,375
備　　　考		基準単価 kWh	10.9
		燃料費調整単価（円）	0.92
電力栽培センター供給率(電力供給率)③/①			31.1%
栽培センター電力自給率　④/④+ a+b			47%

注）平成 17 年度 9 月～11 月は落雷による CPU 損傷により風速データ欠損．町資料に基づき筆者が作成．運転開始：平成 10 年 12 月．

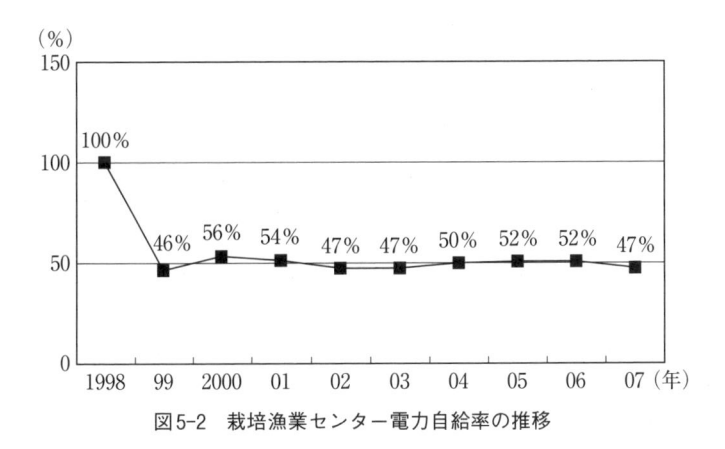

図5-2 栽培漁業センター電力自給率の推移

漁業センターの電力自給率の推移）のようになる．1998年に自給率が100％になっていることは，計算上の結果で，これを無視すると，概ね自給率が50％内外で推移している．

本章では，データが得られた地域について，この電力自給率も求めた．日本の漁業は，厳しい現状におかれている．その中心は，資源の枯渇や200海里規制，また海洋汚染や地球温暖化の影響等による漁獲量の減少等，資源・環境面からの要因，後継者難や高齢化，また過疎化の進展による地域共同体の崩壊，燃料の高騰等社会経済的な影響，また近海（沿岸）漁業にあっては，様々な開発による漁場環境の制約と悪化，磯焼けに代表される生態系の撹乱，森林の破壊による影響など，社会経済的影響，高級魚介類に対する高需要による資源の枯渇といった構造的な要因がある．

栽培漁業は，こうしたことを背景に，「1963年，重要な水産資源を積極的に増やすために，魚介類の種苗生産・放流を中心とする栽培漁業の試みが，瀬戸内海をモデル海域として始められ」，「その後，国際的な200海里体制が定着する流れの下で，1979年から全国に栽培漁業の拡大が図られ，沿岸漁業の中に栽培漁業は定着」[4]するようになった．

上ノ国町にあっては，表5-3に示したような投資が行われた．2000～2005年度までの，栽培漁業センターでの稚アワビの増殖は100万7,400個で，うち75％に当たる75万3,000個が，漁業生産組合に販売された．残りが近隣の檜山

表 5-3 栽培漁業への総投資額

設備と補助金	金額（千円）	運営	年
海洋牧場	4,992,000	北海道	1992～99
栽培漁業センター	879,000	上ノ国町	1999
風力発電所	335,000	上ノ国町	1998
栽培漁業補助金 稚あわび購入費	227,284	北海道，上ノ国町	約10年間
栽培試験プロジェクト	1,890	上ノ国町	2006
総　計	6,435,174		

出典：上ノ国町資料による．

漁業生産組合への販売である．したがって，栽培漁業センターの評価には，檜山漁協への販売も含めて，総合的に行われなければならないが，ここでは，上ノ国町分についての問題点にとどめる．

　上ノ国町にあっては，アワビの増殖が始まった2006年度の時点で，組合員数が30名いたのが，年々徐々に減少し，2008年度では13名に減少したことが，議会で報告されている．また，アワビの組合員への販売代金の支払いが滞り，地域の業者によって肩代りされ，業者を通じて販売されるにいたったことや，若手組合員が経営難を理由に撤退したことなどが報告されている．

3.2　JFはさき風力発電所（漁業）

　JFはさきは，茨城県神栖市にあって，利根川河口部左岸に位置する漁業協同組合である．2005年，上ノ国町より少し遅れて，JFはさきが建設した風力発電1基が，電力生産を開始した．この風力発電所はグリッド接続で，一部の電力は港湾施設へ供給されているが，売電専門の風力発電である．電力会社との協議の中で，電力の不安定さからグリッド接続となった．発電所建設の目的は，同漁協が所有する，200tの生産能力を持つ日本でも最大規模の製氷工場に，電力を供給するためであった．

　風力発電は，三菱重工業製で，定格出力1,000kW，ローター高さ61.4m，年間198万kWhの生産能力である．風力発電のフィージビリティ・スタディを行った調査報告書[5]から作成した図5-3に見られるように，はさき漁港は膨大な電力を使用しており，この電力料金は無視しえない．

　電力使用の中心は製氷施設で，ほかは荷捌施設と照明である．この漁港内使

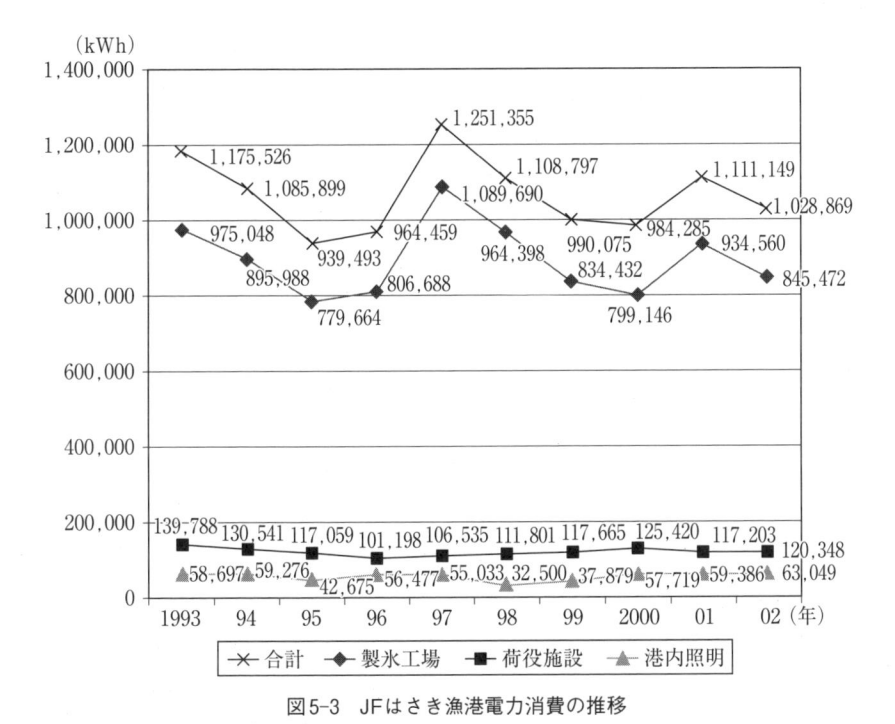

第5章 風力発電と電力の自給　99

図5-3　JFはさき漁港電力消費の推移

用電力のうち，製氷施設分については，発電した電力をいったん電力会社に販売し，電力会社から買う形で，いわば「相殺」しているわけである．次ページの表5-4を見よう．漁協から平成17年度の財務データの一部の提供を受けたので，これによって計算すると，この年度のキャッシュ・バランスは，マイナス7,287千円となる．売電収入から，製氷施設の電気料を差し引いた金額（差引残高）である．それは，建設直後につき，減価償却が大きい金額になっているからであろう．償却の進行とともに，プラスに転じると思われる．

　いずれにしても，港湾内電力（照明と荷捌き場）を自家電力で賄い，余った電力を売電し，その売電収入で製氷設備の電気を買っていることが分かる．このような構造になっているから，電力の「地産地消」といわれるわけである．それは，電力を地元で生産し地元で消費するということ，本書でカテゴリーとして使っている，プロサンプションのアナロジーである．JFはさき風力発電所は，港内電源に接続してはいるが，上で考察した独立対応電源の風力発電ではなく，

表5-4 JFはさき風力発電の状況

設備利用率	30.82%
年平均風速	6.45m/s
売電収入	29,687千円　①
維持管理・減価償却費	23,047千円　②
施設電力削減効果	6,640千円　③
製氷施設電気料	13,927千円　④
差引残高	−7,287千円　(①−(②+④))
電力供給率	③+④/①+③=56.6%

注) JFはさきの資料により作成．電力収入を発電量で割った計算上の売電価格は10.98円となる．

グリッドへ接続した風力発電所である．それは，電力会社との協議で決定されたといわれる．この点を考慮して，JFはさき風力発電は，経済学的には，電力の自家消費に近い構造をもった風力発電所だと考えてよい．2005年度で電力自給率を求めると，金額ベースで(③+④)/①=69.3%となる．電力供給率では，56.6%になり，やはり，製氷設備の電力使用が大きいことを物語っている．製氷設備に対する経費節減効果は大きい．風力発電所は稼働開始以来，順調に働き続けてきたが，2009年5月に，落雷により一時的に停止を余儀なくされた．筆者が同年8月末に視察に訪れた際には，運転を再開していた．JFはさきとしての課題は，このいわば「はさきモデル」を全国に普及していくことと，漁港の安全衛生面での向上であるとされる．すでに上ノ国町の漁業で述べたことに加え，燃料価格の高騰への対応や，消費者への環境にやさしい魚介類のブランド提供という，マーケティングの課題も重要である．

3.3　うみてらす名立風力発電所（漁業・観光）

うみてらす名立は，新潟県上越市にあり，年間30万人の観光客を集客する観光施設（道の駅）である．すでに述べたように，近隣に発生した地震等の影響で，入込数の減少を余儀なくされているが，地域の観光拠点の地位を維持している．

同観光施設に風力発電所が建設されたのは，2003年度で，観光施設全体の建設経過と，利用事業を表5-5に示した．漁業・山村関係の多彩な補助金を使いながら，順次観光拠点が整備された．その中で風力発電所は，この観光施設が必

第5章　風力発電と電力の自給　101

表5-5　うみてらす名立整備事業一覧

年　度	概　　　要	事　業　名
1998	漁港区域の公有水面埋め立て	県営2事業，町団体営2事業，北陸高速道の残土利用
1999～2000	拠点施設の建設（2000年7月オープン）	漁港環境整備事業　漁業集落環境整備事業　若者定住促進緊急プロジェクト事業
2000	宿泊研修棟（光鱗）建設（2001年7月オープン）	新山村振興等農林漁業特別対策事業
2000	水産加工施設（2001年度稼働開始）	沿岸漁業漁村振興構造改善事業
2002	風力発電所（2003年度稼働開始12月）	新漁村コミュニティ基盤整備事業
2003	養殖施設	漁業経営構造改善事業

注）上越市資料により作成

要とする電力を賄うために，建設されたのである．また，この風力発電所（三菱重工業製，定格出力600kW，同期発電型）は，NEDOではなく，表中に記載した通り，漁村・漁港関係補助金（新漁村コミュニティ基盤整備事業〈補助率2分の1等〉）を使ったことに特色がある．JFはさき風力発電所も，同じ水産庁のこの補助金を使っている．したがって，この風力発電は補助金の趣旨からいえば，漁港や漁村，それに交流促進といった角度から，検証されなければならないが，このことは，あまり知られていない．

施設側の使用電力量データが得られなかったので，ここでは，風力発電所側のデータから，電力の利用状況を考察した．

表5-6は，風力発電所が2003年12月から売電開始しており，また2007年度は，落雷の被害のためにダウンしたので，2004～06年度の平均をとってある．稼働率と設備利用率が低いのは事

表5-6　うみてらす名立発電実績

	2004～06年平均
稼働日数	237日
計画発電量①	表示せず
実績発電量②	475,183kWh
発電量料金換算	5,114,789円
稼働率②/①	51.4%
売電量③	186,668kWh
実績に対する売電率③/②	42.7%
施設利用量②－③＝④	288,515kWh
施設利用量料金換算⑤	3,123,573円
実績に対する施設利用率④/②	60.7%
平均風速	6m/s
売電料金⑥	1,991,215円
平均単価⑥/③	10.7円
設備利用率	10.4%

注）上越市資料を基に筆者が計算式を入力，作成

故による影響である．売電量kWh③を実績発電量kWh②で割ったものが売電率で42.7%となる．残りが施設利用となるので，施設利用率（本書では電力供給率）④/②は60.7%となる．電力供給の中心は，健康交流館（ゆらら），水産加工施設，それに上ノ国町と同じ，あわびの養殖施設（陸上養殖）であると思われる．うみてらす名立は非常に規模の大きい観光施設であり，利用した補助金も複雑多岐にわたるので，ここでは，地域振興面でのコメントを差し控えたい．しかし最大の課題は，風力発電の設備利用率（稼働率）の低さである．風力発電の停止と停止期間の長期化は，風力発電の財務収支の悪化のみならず，供給電力の停止により観光施設のキャッシュ・バランスに影響を与える．

3.4 椿ヶ鼻ハイランドパーク風力発電所（観光）

大分県旧前津江村，現在の日田市に2基の風力発電所（エネルコン社の225kW機）が建設されたのは，1998年4月のことであった．

具体的には，過疎脱却の夢と期待を乗せて，先行して整備されていた，椿ヶ鼻ハイランドパークの所内電源として，建設されたものであった．同施設の特色は，風の湯（写真5-1）であり，風力発電の電源で沸かした，日本でも珍しい温泉である[6]．表5-7に発電データを示したが，建設後かなりの年数が経過しており，利用できるデータは，注に示したように部分的なものである．発電量のハイランドパーク使用分を除く電力が，九州電力への売電となっている点は，他の風力発電所と同じである．表の発電量合計に対するパーク使用分が，本書で使っている電力供給率という指標で40.3%である．この風力発電所についても，施設側の使用電力データが得られなかった．運転開始後10年を経過し，故障による修理代がかさむほか，送電線の容量が小さいため，大型機への転換が難しいなど，困難な状況にある．競合する観光地に押されて，入込数が減少するなど，観光地経営の課題も多い．風力発電所の担当は，旧前津江村企画課であったが，現在は日

写真5-1 風の館の「風の湯」
（筆者撮影2008年4月）

表 5-7 椿ケ鼻風力発電施設発電実積

	平　均
九州電力売電分 kWh ①	372,845
金額（円）②	5,418,273
パーク使用分 kWh ③	252,167
金額（円）④	4,231,585
発電量合計 kWh ①+③=⑤	625,012
金額合計（円）②+④	9,649,850
年間平均風速　m/s	6.1
発電量合計に対するパーク使用分%　③/⑤	40.3
設備利用率	7.2%

注）日田市資料により作成．年度は4月1日から3月31日．h13,
14, 17, 18, 平均．平成18年度に落雷と台風により被害損傷．

田市の前津江振興局となっており，予算づけは観光課になっている．風力発電のPRも，日田市の観光資源として，観光課で行われている．

3.5　宮古島地下ダム風力発電所（かんがい農業）

　宮古島は，岩盤がサンゴ礁の隆起した，透水性の高い岩質であるため，降った雨はすぐに浸透し，海へ流れ出てしまう．そのため，干ばつに見舞われると，農業は成り立たず，これを克服するために，不透水層の海側に，2つの人工の堰堤を築き，地下ダムを造る工事が1987年から始まり，2000年に完成した．地下にたまった水を，灌漑用水として必要な時に組み上げ，ファームポンドにいったんためておき，そこから畑に用水を供給する，世界初の地下ダムと畑かん事業の完成であった．

　風力発電所は，その中の，東山ファームポンドの第3群機場（ポンプで地下水をくみ上げる

写真5-2　淡水を見学できる
（筆者撮影2009年9月）

施設)に電力を供給し，地下水をくみ上げるために，1999年に建設され運転を開始した．ラガーウェイ (Lagarway) 社製の600kW風車で，余剰電力は売電される．

図5-4，図5-5，図5-6に，順に2005年の月別雨量，水使用量，平均風速を示した．雨量と水使用量は，土地改良区の資料[7]，平均風速は気象庁のデータである．

2005年の雨量は，6月と8月に集中しており，その他の月は概ね200mm以下の降雨量であった．冬場の雨量は100mm以下になる．これに対して，水使用量は夏場で雨の少なかった，7月と9～10月に多くなっている．概ね降雨量と

図5-4　月当たりの雨量

図5-5　水使用量

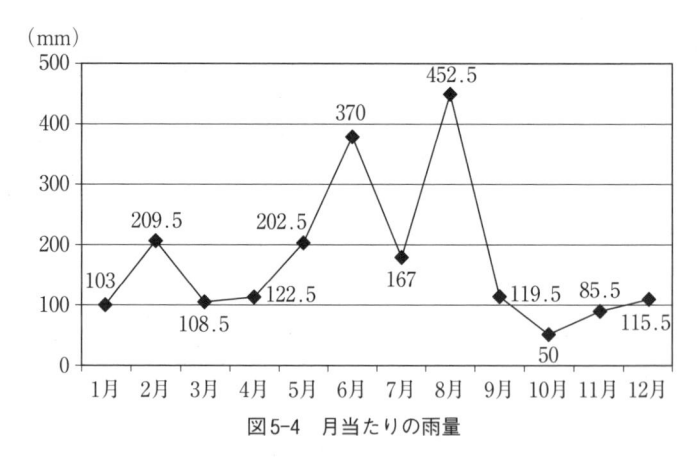

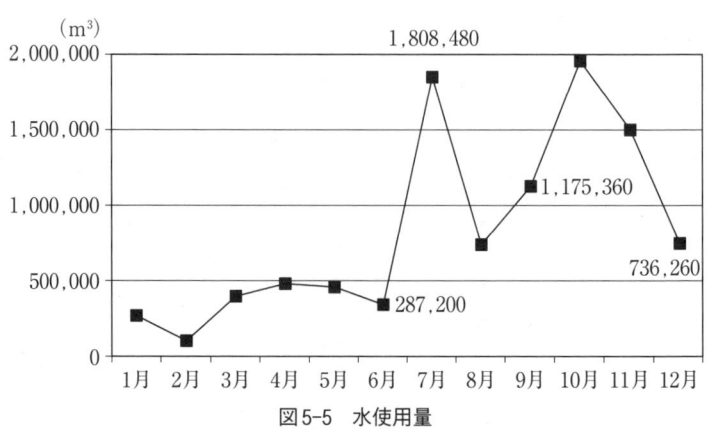

図5-6 平均風速

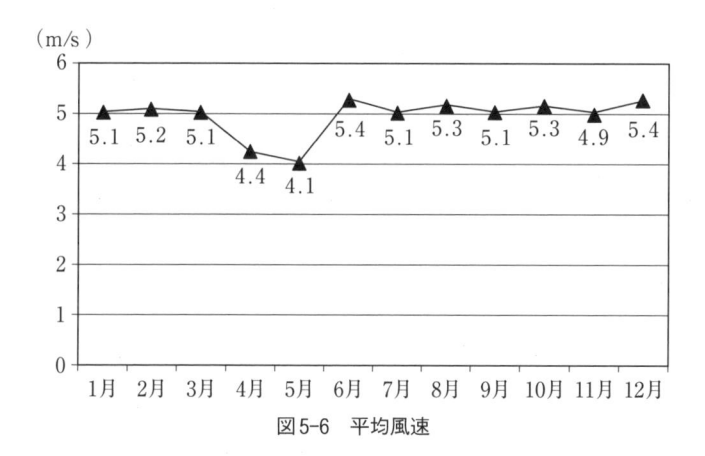

水使用量とが，逆比例の関係になっていることが分かる．背景要因は言うまでもなく，灌漑用水への需要である．風力発電所が，灌漑用水に貢献していることが，降雨量との関係で明瞭に読み取れる．

他方で平均風速をみると，2005年は4月と5月が4m台であったが，それ以外の月は5m以上の風が吹いた．周年一定した風である．灌漑用の風力発電所からの電力需要が大きい夏場に，風が吹いてくれることが望ましいのであろうが，雨も風も自然現象なので，いたしかたないことである．課題は，灌漑面積の増大と灌漑施設の整備の進捗によって，用水使用量が大きくなっていることへの対応であるが，ここではこれ以上立ち入らないこととし，地下ダムと風力発電所が，新しい農業基盤として機能し，宮古島農業の多様化と，生産力の向上に貢献したことを指摘するにとどめる．

3.6　福島県中山峠風力発電所（道路）

最後のケース・スタディは，風力発電ロード・ヒーティング・システムで，福島県国道49号線の猪苗代湖付近，中山峠周辺，風の広場に1999年に建設され，ロード・ヒーティングと構内設備（照明・ジェットファン）に利用されている，プロサンプション風車である．風力発電所は国土交通省東北地方整備局郡山国道事務所管理で，定格出力は250kW（ドイツNORDEX社製）と小型である．発電データとロード・ヒーティング・システムへの電力供給は，ホームページ[8]で

公開されている．データは古いが，2001年度の発電実績は，45万kWhでうち20万kWhがトンネル供給であるから，ロード・ヒーティングを含むトンネル設備への電力供給率は44.4%である．ちなみに残りが売電で，25万kWh，売電率55.5%である．ホームページのデータには，設備で使用した電力が39万kWhと掲載されており，発電電力のうち20万kWhが設備へ供給されたから，電力自給率は，20万kWh÷39万kWhで51.3%となる．2005年度までのデータが掲載されているが，発電電力の内訳が掲載されているのは，2001年度だけであるので，電力供給率および電力自給率は2001年度のもののみである．2005年度の発電量を月別にみると，発電量は風がよく吹く12～3月までで，7割を超えて集中しており，降雪や凍結の多い月と一致しており，効率の良い発電となっている．風力発電所の位置する風の丘は，花が植えられた広場として整備され，ドライバーの憩いの空間として利用されている．

4. 電力供給率の比較

　以上，日本の風力発電事業の中から，風力発電本来の売電を目的とした風力発電事業以外に，漁業，観光，農業，道路といった，地域産業に直結する施設に電力を供給する目的で発電所を建設したケースについて，聞き取り調査等から得られたデータを利用しながら検証を行った．使用したデータのカテゴリーは，2つである．第1は，発電機の定格出力に対して，発電された電力のうち，施設へ供給された電力の比率，つまり電力供給率であり，第2は，その施設が消費する電力に対して，風力発電所から供給された電力の比率，つまり電力自給率（プロサンプション率）である．表5-8に，結果を比較できるように示した．電力自給率は，概ね30～60%弱の範囲にあり，風力発電導入の際に送電線の容量との関係もあろうが，使用電力との関係で，導入する風力発電の能力が決定されているといえる．

　電力自給率が電力供給率より，値が大きく出るのは，風力発電は風が吹いている限り電力を生み，施設に電力を供給できるのであるが，施設の方は休止しているときに（特に夜間．中山峠の場合には夏場），電力供給が必要でないので，売

表 5-8 電力供給率の比較

パラメータ \ 風力発電所	上ノ国	JFはさき	うみてらす名立	日田市椿ヶ鼻	宮古島地下ダム	福島県中山峠
定格出力 kW	500×2	1000	600	225×2	500	250
電力供給率% ①	31.1	56.6	60.7	40.3	36.0	44.0
電力自給率% ②	47.0	69.3	—	—	—	51.3
かい離 ②−①	15.9	12.7	—	—	—	7.3

注）稼働期間の発電量と電力供給の平均をとった．中山峠は 2001 年度．

電となるからである．他方，電力の供給がない時には，送電線から電力を受け取り，買電となるのであるが，風力発電所からの電力供給が途絶えるのは，事故や定期メンテナンスによるシャットダウン時に限られるので，通常は電力供給率に対して，電力自給率の方が大きくなる．電力供給率に対し電力自給率が大きくなるほど，つまり後者の前者に対するかい離が大きいほど，発電効率が悪いことを意味し，逆にかい離が小さいほど，発電効率が良いということになる．中山峠は，かい離が 7.3 で最も効率が良い．JFはさきは 12.7 で，中山峠よりも発電効率は悪い．上ノ国町が 15.7 で，かい離が大きい．

プロサンプションの定義からいえば，後者の電力自給率が，プロサンプションの度合いということになり，値が高いほうが経営にとって好ましい．なぜなら，売電価格が低い状況では，安く売って高い電気を買うよりも，発電コストが安いのだから，自家消費したほうが得だからである[9]．電力会社にとっては，販売電力が減るので好ましくない．かといって電力の無駄遣いが多くて電力自給率が高いと，売電量を減らし，CO_2 排出量の削減と売電収入の減少になる．地下ダムでは，灌漑面積の拡大と降水量の減少が，必要電力供給量を上げて買電量を増やし，水が必要な夏場に，発電電力が下がる傾向にあるから，長期的に電力自給率が下がると思われる．これは，地下ダムの揚水の特殊性であるとともに，対応策今後の課題であろう．

5. 結論と若干の議論

　本来の結論に相当することは，すでに本文中で具体的な数値とともに述べられているので，ここでは以上を総括し，今後の課題へつながる議論を若干行う．再生可能エネルギーの利活用も含めて，発電電力を地域産業に利用する試みは，世界的にも広く行われているところであり，本章では，農業，観光，漁業，道路管理の代表例について考察した．

　発電所の運営それ自体に関しては，様々な課題を抱えながらも，風力発電を地域産業に利活用する試みは，大きな成果を上げていると結論できる．電力の生産と施設への供給，売電を量的側面とすれば，本章では，「自家消費＝プロサンプション」という，質的側面に焦点を当てたのである．そのことは，翻って，地域での再生可能エネルギーへの取り組みを目指す人びと（アクター）が，プロシューマーとして，とらえられなければならないことを意味する．

　A.トフラーによって，はじめて定義づけられ，「第三の波」の社会の主人公になる，「積極的な生産＝消費者（Prosumer）」である．旧前津江村で，風力発電の導入に悪戦苦闘した人びとの記録が，1冊の教育図書[10]にまとめられているが，自らの地域資源を利用し，自らの地域の人びとと協力し，外部資金や人材・知識を活用しながら，風力発電所を建設して電力を生産し，地域の施設に活用し，地域の活力を育てる，プロシューマーである．

　また，再生可能エネルギーは，グリフィン・トンプソン（1996年）らが，主張する「校庭（playground）の政治」と呼ぶ意味合いにも通じる．彼らは，「再生可能エネルギーは，エネルギー・サービスを提供することによって，どのようにして，市民社会の基礎を築くことができるだろうか．制度論者の見解では，再生可能エネルギーは，市民社会の基本要素と同義の社会組織的なパターンと構造を付随して必要とする」と述べ，次のように結論づけている．「結論として，再生可能エネルギー技術の導入は，校庭の政治の実践と完成のための諸条件を付与し，市民社会を民主的な形態にして，それが，今度は持続可能な発展の基礎となることを促進する」[11]．ここで「校庭の政治」を草の根民主主義と押さえれば，月並みではあるが，地域でのコンセンサスづくりが，いかに重要であるかを教

えてくれる．しかし，この側面については，本章ではほとんど扱えなかった．風力発電が，地域産業や地域経済の振興にとって，深いつながりがあることを確認し，今後の課題であることを指摘しておきたい．

注
1) Alvin Toffler (1980), *The Third Wave*, Pan Books, 邦訳『第三の波』中公文庫, 1982年
   プロサンプションは，『第三の波』全体の中で定義づけられ，プロサンプションに基づく経済学的意義や「第三の波」の上にそびえる文明が考察されている．同書によればPROSUMPTIONはPROductionとconSUMPTIONの合成語で，担い手はPRoducerとconSUMERの合成語であるPROSUMMERである．プロシューマーは，現代の科学技術を用い，個人あるいは集団で，生産財や消費財を，アクティブに生産する消費者として位置づけられた．生産と消費が接近ないし再結合するので，新たな経済学が必要であるとした．本書では，さらに第7章で，「電気エネルギーの生産＝消費」として，分析を進める．
2) 現在，事務局を苫前町が担っており，同データベースの提供を受けた．記して感謝したい．
3) NEDOのホームページで，PDFファイルが利用できる．
4) 独立行政法人水産総合研究センター栽培漁業センターのホームページより．
5) 茨城県波崎町『平成15年度波崎町新エネルギービジョン策定（事業化フィージビリティ・スタディ調査）「波崎漁港風力発電導入プロジェクト事業化調査」報告書』平成16年3月, p.16（写真注5-1）．
6) 温泉に電力を供給する例として，北海道寿都（すっつ）町の寿都温泉，ゆべつの湯風力発電所がある．旧前津江村の風力発電所は，平成10年度の「中山間地域農村活性化総合整備事業」で建設された，余剰電力売電の風力発電である．エネルコン製，230kW風

写真注5-1　製氷工場
（筆者撮影2008年5月）

車2基が平成11年4月に稼働した．詳しくは，同町のホームページ参照．
http://www.town.suttu.lg.jp/huusya/yubetunoyuhuuryokuhatudensyo..html （アクセス，2009.9.1）
7) 宮古土地改良区『宮古島の農業用水』2006　地下ダムについては，同改良区のホームページに紹介がある．http://www.miyakojima.ne.jp/kairyoku/ （アクセス，2009.9.1）
   また，地下ダムの建設によってもたらされた宮古島農業の構造転換と，地下水資源の運営に

ついて考察した次の論文が参考になる.

黒沼善博(2008)「建設技術が及ぼす有限資源の配分様式」『大阪経大論集』第58巻第6号 pp. 229-244

　地下ダムの水は,ポンプによって汲み上げられ,いったんファームポンドに蓄えられ,必要に応じて大型スプリンクラーにより散水される.農業用への給水設備もある.

8)　http://www.thr.mlit.go.jp/koriyama　(アクセス,2009.9.1)
9)　若森敏郎(2002)「新エネルギーの活用例　風力発電(その1)」茨城県中小企業振興公社,『Wing21 いばらき』8月号
http://www.iis-net.or.jp/files/wing21/005/200208476.pdf(アクセス,2009.9.1)
10)　笠原秀(2001)『ばんざい!ぼくらの村の風力発電　大分県前津江村の風おこし・村おこし』PHP研究所
11)　Griffin Thompson and Judy Laufman (1996), "*Civility and village power: renewable energy and the playground politis,*" Energy for Sustainable Development, Volume III No.2

〈補注〉　2010年度の研究で,筆者は鹿児島県で風力発電施設を所有する錦江高原ホテルを訪問した.施設を担当している白尾さんにインタビューをした.同ホテルで風力発電の話が出たのは,発電によって経費が節減できるかどうかもあったが,風車の価格が高くコストもかかるので,むしろ環境にやさしい経営のシンボルとして建設することになった.ホテルでは,最初から重油のコージェネをやっていて,風力の話が出たとき会社の方針としては,最初は導入に反対だったようだ.故障はほとんどが雷.ここは雷の多いところで,主要な部品は石川島播磨重工ですぐに用意できるのだが,肝心な部品となるとデンマークから取り寄せるので,1か月待ちということになる.風力発電施設のところで,結婚式を提供しているが,あまり利用はないそうだ.経営母体の「光開発」は,以前は飼料をやっていた会社で,現在はゴルフ場とホテルを2つに分けて経営をしている.「あと一基増設計画はあるが,太陽光発電のように売電価格を優遇してくれないと,増設は難しいし,現状でも赤字経営だ」という白尾さんの言葉が印象的だった.渡されたペーパーをみると,kW当たり発電コストは14円とある.売電価格はこれよりも低いから,さらなる導入は困難だ.

写真注5-2　錦江高原ホテルの1,300kW風車(ノルデックス社)

第6章

導入期・静岡の風力発電

1. はじめに

　地球温暖化に代表される地球環境の激変が，私たちの世代だけではなく，のちの世代の人びとの生存をも脅かす重大な局面を迎えている．1992年のリオの地球サミット以来，国際舞台，各国地域での取り組みが進められ，2005年に京都議定書が批准され，グローバルかつローカルな取り組みの進展が求められて今日に至っている．

　このような時代状況のなかで，先行する太陽光エネルギー利用（熱・発電）に加えて，風力，バイオマス・エネルギーの開発が，地球温暖化防止対策の切り札として急浮上している．地域に分散していて，しかも再生可能な自然エネルギーの典型であるこれらのエネルギー開発は，熱・電気エネルギーへの転換技術と利用のあり方（ビジネス利用）によって，地球温暖化防止対策だけではなく，経済社会の構造を変え，地域の活性化に大きく貢献する可能性を秘めている．

　とは言っても，そこには越えなければならない，大きなハードルがあると思われる．端的に言えば，かかるエネルギー資源に恵まれた過疎・中山間地域（離島を含む）の現状は，「都市と農村」という市場原理で走る産業革命以降の社会の構造的な問題（日本の場合は第2次世界大戦以降の高度成長の帰結として）を抱えており，第2次世界大戦後のこれまで電源開発，農村工業導入，観光資源開発，テクノポリス，リゾート開発など「地域開発」という様々な試みが各省庁の

縦割り行政の中で行われてきたが，そうした努力にもかかわらず，残念ながら地域の現状は改善せずに，疲弊の極みにある．

それを端的に示す例が夕張市の地域（財政）破綻であり，高知県東洋町の核燃料中間廃棄物処理施設（高レベル放射性廃棄物処分場）の誘致表明である．しかしながら，風力，バイオマス・エネルギーの有効活用は，太陽光・小規模水力・潮汐力などと組み合わせ，地域のエネルギーの自給率を向上させ，熱供給，発電ビジネスが地域に根付くことで，地域に活力をもたらすと考えられる．そのためのビジネスモデルの構築と段階的導入，支援体制が早急に求められる．

木質バイオマス・エネルギーは，林業の活性化とポリシー・ミックスで検討する必要がある．費用対効果的にパフォーマンスのよいビジネスが稼働し，ブレイクスルーさえすれば，森林が伐期に達していて，その蓄積は林業を展開するに十分な量に達していることもあり，間伐の促進と未利用資源の有効活用は進むのではないか．

補助金で大経木を切り，間伐材を放置する悪循環を断ち切るべきである．風と太陽光の時間的・場所的偏在性を考慮すれば，安定して熱や電力を引き出せるバイオマスは地域の熱・電力供給に欠かすことのできない存在であり，そのためのビジネスモデルを考案し，石炭火力や原子力に対抗できる税財政政策や流通対策，価格政策が必要である．アメリカ（カリフォルニア州）とデンマーク，ドイツ，スペイン，インド，中国などの風力発電の急速な普及は，わが国にも成功率95％の風力発電の拡大をもたらし，エネルギー自給の可能性を現実のものにしつつある．自給率100％を目指す地域がいくつか現れだした．

筆者は2007年9月，高知県梼原町の風力発電施設，小規模水力，太陽光発電を視察したが，同町は風力発電へ追加投資することで，将来電力100％自給を目指し，また売電収入を森林施業に充てるというユニークな施策で，森林の施業に貢献している．

風力発電施設は性格的に装置産業であり，広大な敷地を必要とすることから，立地の中心は山間部の尾根，海岸部，洋上となり，地域に経済的恩恵をもたらすビジネスモデルが検討されるべきである．過去の農村工業導入が地域の自立につながらなかったのは，手足となる低付加価値工場誘致であったことであり，その轍を踏まないようにしたい．

風力発電産業は，デベロッパーとしては，いくつかの先進的な会社が業界をリードしているが，メーカー，部品産業（サプライチェーン），メンテナンスがフルセットの産業構造を確立するに至っていない．すなわち人・物・金・情報・知恵が地域で調達され，果実が地域に還元される自立型の地域ビジネスとして展開できるような，ビジネスの展開と消費者の参画方式とキャッシュフローの循環を作る条件が，いまだ整っていない．これが，風力発電を産業として見た場合の最大の問題点である．日本は，まだヨーロッパの模倣をしている段階である．模倣から自立へ展開を急ぐべきだ．

他地域の資本による植民地的な電源開発に終わるのみでは，地域の自立に結びつかない．現状では大手デベロッパーと補助金，プロジェクト・ファイナンスが必要であるが，その一体的しくみの中に，どのように地域経済循環をビルトインできるかが課題である．まだ模索段階にあるこの課題を，いかに現実のものにできるかが問われている．

自然エネルギーを地域の自立や活性化と関連づけて論じるときに重要なのは，エネルギー政策を他の総合的な国土政策や地方分権のための行財政改革と結び付けて検討し，具体策を実行に移すことが肝要だ．しかし，これまでの化石燃料時代の議論や政策が，社会存立の根本であるエネルギー自給の民主化や自立化の展望なしであったことを考えれば，ここへきて自然エネルギーの利用可能性が一挙に現実味を帯びてきたことは，地方の時代の到来と地球環境保全が，車の両輪として動き始めたことを意味している．

このことを好機として捉え，あらゆる資源を総動員して前進することが求められている．そのために重要なことは，国家プロジェクトであれ，民間の事業であれ，またNGOであれ，社会的費用を「内部化」せずに価格競争で優位に立ってきた化石燃料などに対し，「公正な」価格競争ができるようにする公的介入，つまり財政金融による資源再配分が求められる．

筆者は，このような課題意識をもって自然エネルギー市場と取り組み始めたのであるが，もちろんその問いに対する明確な回答はいまだ持ち合わせてはいない．いましばらく風力発電とバイオマス・ビジネスの展開を待たなければならないのかもしれないが，本章では上に記したような問題意識を持ちつつ，静岡県における導入期の自治体風力発電とも言うべき取り組み状況を，資料と聞き取り調

査によって整理したものである．

2. 静岡県1号機の生産力

静岡県では2003年3月に策定した「しずおか新エネルギー等導入戦略プラン」で，2010年には1999年の3倍に当たる3.22万kWが掲げられて，風況に恵まれた伊豆半島，御前崎，遠州灘を中心に，導入促進が図られている[1]．1996年，御前崎に整備されつつあったマリンパーク御前崎の砂浜のはずれに，前年から工事が行われていた1基の巨大な風力発電の建設が完成し，羽根が回り始めた．定格出力300kWでも，普段風力発電に馴染みのないものにとっては巨大に見えた．静岡県風力発電の第1号機だ．まず施設の概要を示す．

(1) 施設用地　1417.17m^2
(2) 風力発電機
　1) ウインドタービン
　　・形式　可変翼アップウインド型
　　・定格回転数（定格出力を得る回転数）43／28.6rpm
　　・定格風速（定格出力を得る風速）14.4m／s
　　・カットイン風速（発電を開始する風速）3.5m／s
　　・カットアウト風速（発電を中止する風速）28m／s
　2) 発電機
　　・形式　誘導発電機
　　・定格出力：300kW（風速約7m／s以上）
　3) 塔
　　・風車高さ25m（翼の中心まで）
　　・重量　約20t
　4) その他
　　・設計耐風速80m／s
　　・翼直径29m
　　・総重量　約44t

・製造メーカー　三菱重工業株式会社
(3) 年間予想発電電力量　一般家庭の消費電力量約170軒分，電気料金にして約900万円に相当．
(4) 総事業費　1億8,900万円
(5) 発電した電力は，風力発電施設ライトアップ等の風力発電施設およびマリンパーク施設の所内電力として使用し，余った電力は中部電力へ売却．なお風力発電からの電力供給だけでは電力が不足する場合には，中部電力から供給を受ける．
(6) 風力発電施設の県民への普及啓発に資するよう，風速，風向，発電電力，月当り発電電力量等のデータ表示盤を設置した．また，企画課に遠隔監視装置を設け，風力発電機の運転状況を把握．この風力発電機は，風速3.5m／sから発電を開始し，風速14.4m／s以上では風速が変化しても，常に300kWを出力できるように，プロペラの角度を自動的に変えながら発電．風速28m／s以上では，プロペラを風に平行にして風を逃がし発電を中止．

(http://www.pref.shizuoka.jp/kikaku/ki-04/index.htm　アクセス2007.5)

(静岡県資料より作成．以下本章内の作成した図表はすべて静岡県資料による．東伊豆のデータは東伊豆町のホームページによる)

　当時の御前崎町は，観光地としての魅力を出すために，新しくできたなぶら館，なぶら市場，海がめの放流事業，ウインドサーフィンなどを，どのように観光に結び付けていくかが地域の課題になっていたように思う．そこへ静岡県がマリンパークの整備とともに，「県内の風力発電の普及のためのモデル施設」として建設し，1996年7月に電気を起こし始めた．
　東京と比べて静岡は暖かく「風が強い」と感じたのが，私が1979年に，横浜から静岡に移り住んだときの初めての印象だった．特に真冬の北西の季節風の強さには驚かされ，夏の夕方の凪ぎの，うだるような暑さには閉口したが，日中に海から陸へむけて吹く風（海風）は，暑い夏の心地よい一服の清涼剤と感じられた．その風を受けて，御前崎の風力発電のブレード（羽）が回り始めた．
　いま御前崎に吹く風を伊豆半島の東伊豆町風力発電施設の地点とで比べると，御前崎は北西の季節風が吹く1月と3月，夏場の7月と8月そして10月に弱いが，

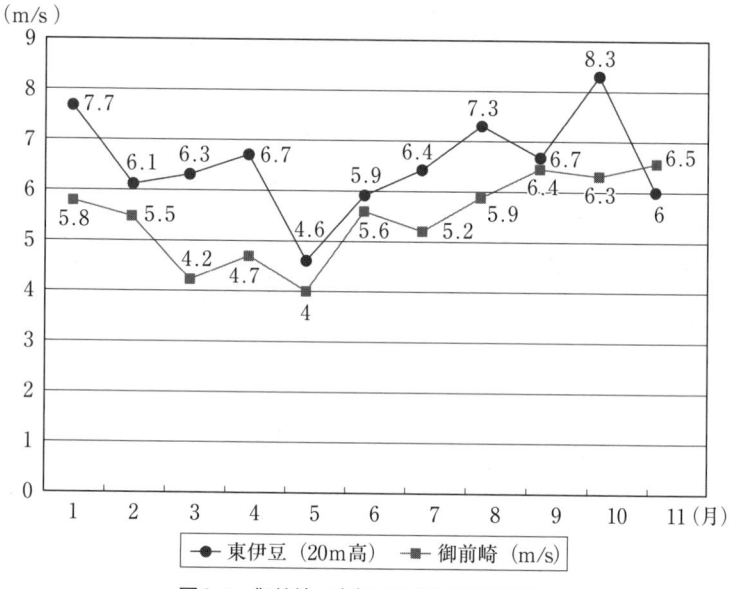

図6-1 御前崎・東伊豆の年間平均風速

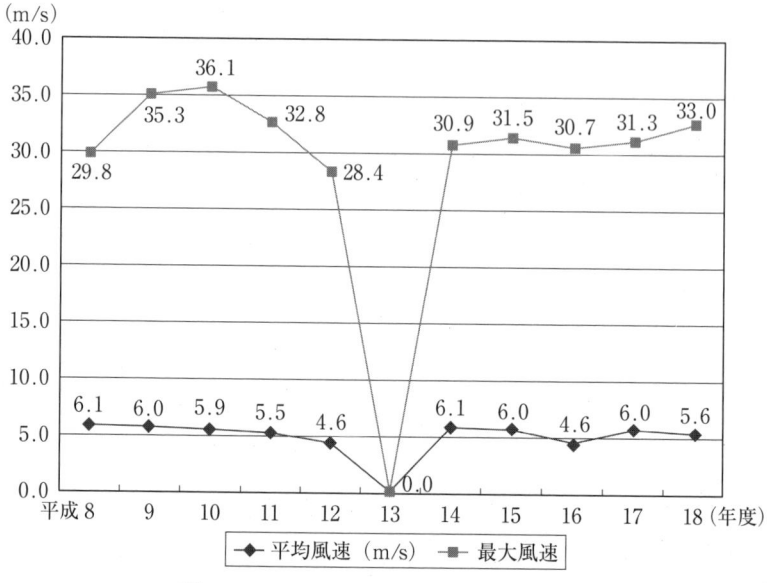

図6-2 マリンパーク御前崎の風速の状況

年間を通じて安定した風が吹いていると言える（図6-1）.

　静岡県を冬に吹き抜ける風は，若狭湾から勢い良く入り込み，琵琶湖から濃尾平野を通って浜松，伊豆方面へ達すると言われている．「遠州の空っ風」とは，まさにこの日本海から吹いてくる風なのだ．庭に布団を干しておくと，風で飛ばされたのを今でも覚えている．

　建設から現在にいたるまでの毎年の平均風速は，図6-2に見られるように6メーターか6メーターを若干下回る風が吹いていて，NEDOが補助金採択の条件として求めている6メーターの風を維持している．平成13年度は，通信系統異常に伴うデータ欠損により値が得られていない．12年度も参考値となっている．図の上部のデータは最大風速である．

　建設されてから今も回りつづけている風力発電施設の性能，つまりパフォーマ

表6-1　マリンパーク御前崎風力発電施設発電状況

年度(平成)	平均風速(m/s)	最大風速(m/s)	発電電力量(kWh)	運転時間(h)	稼働率(%)	利用率(%)	平均出力(kW)	売電収入(円)
8	6.1	29.8	487,950	4,438	50.7	26.2	79.0	7,772,430
9	6.0	35.3	616,608	6,040	68.9	23.5	71.0	9,508,907
10	5.9	36.1	600,470	5,978	71.2	23.7	71.0	8,668,835
11	5.5	32.8	460,451	4,991	63.4	19.9	60.0	6,436,490
12	4.6	28.4	502,910	5,368	61.3	19.1	57.0	6,769,712
13	ND	ND	570,376	6,052	69.2	21.7	65.2	7,475,567
14	6.1	30.9	545,463	6,079	69.5	21.7	62.0	6,122,227
15	6.0	31.5	535,739	5,111	58.0	20.3	61.0	5,789,268
16	4.6	30.7	137,040	1,847	22.9	5.7	15.8	1,288,505
17	6.0	31.3	519,135	4,996	57.1	19.8	59.4	5,240,680
18	5.6	33.0	511,187	5,625	64.3	19.5	59.0	5,042,644

（静岡県資料）稼働率＝運転時間／（運転日数×24時間）　設備利用率＝発電電力量／（300kW×運転日数×24時間）　平均出力＝300kW×設備利用率　①運転開始は1996年7月16日　②1998年7月7〜9日，8月3〜6日・17日28日，10月5〜8日・12〜13日は送電線工事に伴い発電は停止している．③1998年8月21日，12月5〜6日，1999年1月24日，3月20〜23日，4月24〜25日，5月2〜4日について，庁内改修工事による停電に伴うデータの欠損が生じている．④1999年5月発電電力量は，1998年度データで補正．⑤2000年8月〜2002年6月まで，通信系．統異常によりデータ欠損が生じているため，2000年度風速は参考値．⑥2004年6月〜2005年5月まで，制御基盤不良および増速機駆動板部不良のためデータ欠損および運転不良．

図6-3　稼働率等の状況

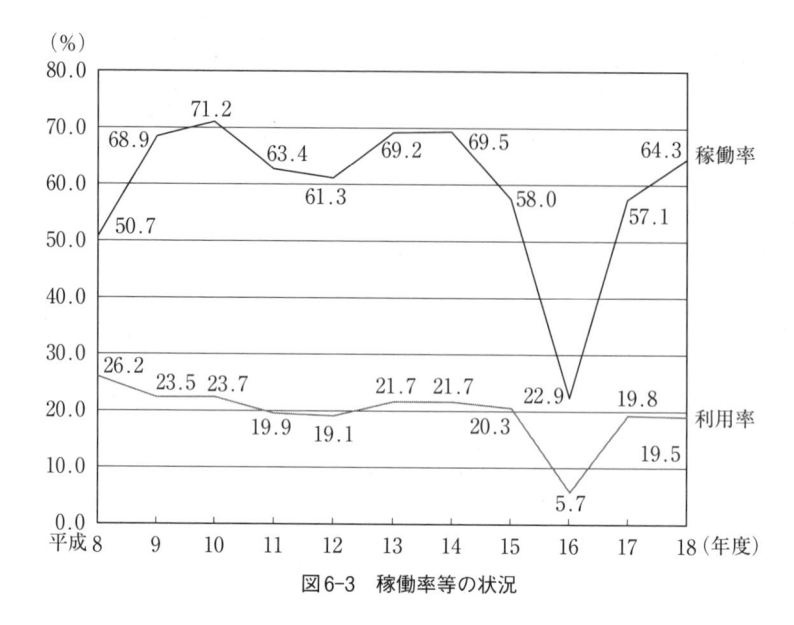

ンスを見てみよう．上の表6-1と図6-3の稼働率とは，運転時間／(運転日数×24時間)で求められる．例えば平成18年度の稼働率64.3%は，風車が回っていた日の総時間の64.3%だけ風車が動いていたという数字だ．1日平均64.3%，ブレードが動いていたことになる．修理やメンテナンスで停止していたときの時間は除外されている．定期保守点検や機械のトラブルは避けられないから，いわば，その風力発電機が回転する実効パフォーマンスと言ってよいだろう．

　ヨーロッパの商用発電機で，80～90%を維持しているといわれるから，稼働率はやや低い．次に設備利用率は，発電電力量／その発電設備の定格出力×運転日数×24時間で求められる．稼働率と似た数値だが，分子(発電電力量)と分母(定格出力)に発電電力を取ってあるから，利用率は発電の実効能力と言ってよいだろう．2006年度の利用率19.5%は，300kWの出力の発電機が運転していた総日数に起こせるはずの電力の，約20%を生産したことを意味する．11年間の利用率は20.1%の生産力であった．ヨーロッパの商用機が概ね20%といわれるので，度重なる故障やメンテナンスにもかかわらず，まずまずの成果をあげていると言えるだろう．2004年度の落ち込みは，データの欠損に原因がある．

3. 電力のプロサンプション

では，次にこの発電施設が地球環境に貢献したデータについてみよう．下の表6-2は静岡県が作成したものであるが，発電量に一定の係数をかけて求めたのが二酸化炭素削減量だ．毎年，300t弱の二酸化炭素削減効果が現れている．表では，自家消費電力に対する削減分は省略されている．

しかし，これには注意が必要で，この削減はあくまで，発電された電力がすべて化石燃料から風力電源へ切り替わったとしたら，という条件つきで言えることだ．削減された二酸化炭素も，もし電気の使いすぎで石炭火力の発電量が上がったら，数字どおりの二酸化炭素の削減にならない．自然エネルギーへの転換は，それに見合う化石燃料の使用削減がなければならないことを理解しておかねばならない．脱化石燃料と並行して，節電や省エネ対策が何よりも求められる．

表6-2では，売電額①と自家消費電力②を足した電力の自家生産①＋②が，この発電施設が発電した電力の経済価値である．売電した部分は，高圧電線に接続され近隣地域の住宅や事業所で消費されるから，マリンパークで自家消費された部分も含めて，この静岡県発電施設は，地域のために「自家生産（prosumption）」したのである．自然エネルギーの「地産地消」だ．第5章で述べたことの繰り返しになるが，A．トフラーは「第三の波」の中で，工業文明の行き詰まりとともに，科学技術の進展を背景として，自らが自らのために生産消費するプロサンプション経済が復元・進展するとしたが，その典型的事例を

表6-2 二酸化炭素の削減等

年度	2002	2003	2004	2005	2006
発電量 kWh	545,463	535,739	137,040	519,135	511,187
売電額（千円）①	6,122	5,789	1,289	5,241	5,043
売電単価／kWh	12円17銭	11円21銭	10円98銭	10円24銭	10円92銭
自家消費電力 kWh	54,819	44,552	26,489	51,493	52,865
自家消費電力料金換算（千円）②	667	499	291	527	577
電力の自家生産①＋②（千円）	6,789	6,288	1,580	5,768	5,620
二酸化炭素削減量（t／年）	303	297	76	288	284

注）静岡県資料より作成．電力の自家生産①＋②は筆者が挿入．

今ここで検証している．売電単価は年度（時期）による変動方式がとられている．

4. 発電施設の経済パフォーマンス

　静岡県への聞き取り調査でも指摘されたように，この風力発電施設は普及啓発目的で建設された静岡県の1号機であり，「稼ぐ」ための施設ではない．まして300kWh という小型の施設であるので，ペイしたかどうかという問題の立て方は不適切であるのかもしれない．しかし，後続の大型機で複数建設するウインドファームと比較するために，その経済性を総括しておこう．図6-4 は発電電力量と売電収入の推移をみたものである．1996〜2006年度まで，両者ともに減少傾向を示した．このことは，設備利用率の低下とわずかだが売電収入の切り下げが関係している．

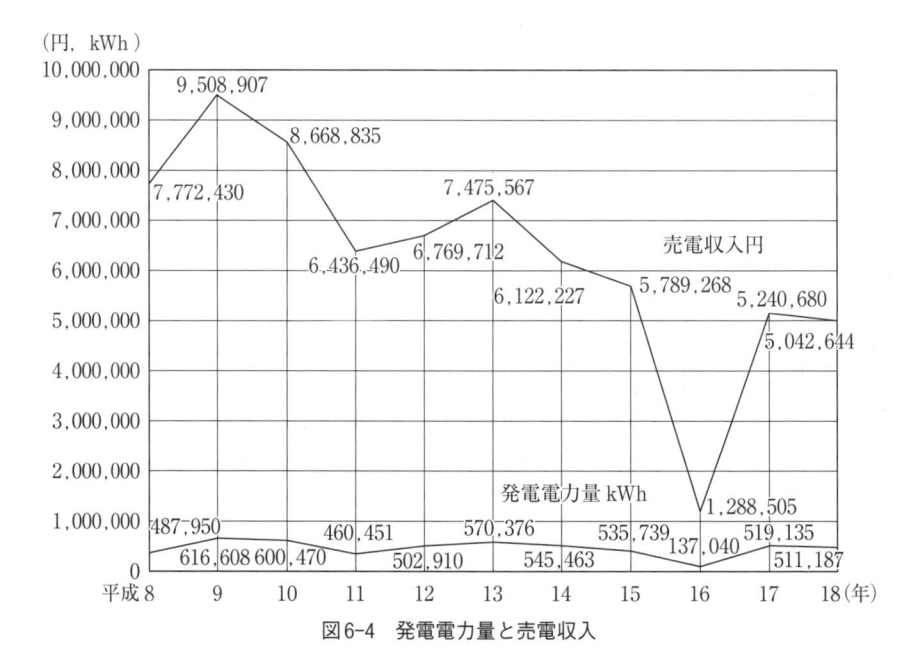

　図6-5に見られるように，風力発電施設建設のために，総額1億8,323万5,561円（①）の費用がかかった．建設当時は，まだNEDOの補助金がなかったので，

図6-4　発電電力量と売電収入

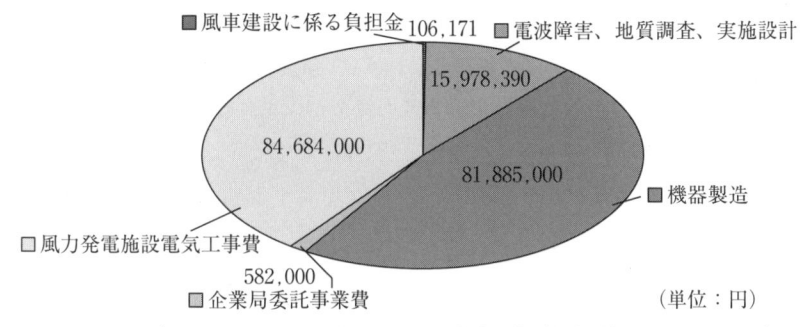

第6章　導入期・静岡の風力発電　*121*

図6-5　しずおか風トピア御前崎風力発電施設設置費（総額1億8,323万5,561円）

- 風車建設に係る負担金　106,171
- 電波障害、地質調査、実施設計　15,978,390
- 機器製造　81,885,000
- 企業局委託事業費　582,000
- 風力発電施設電気工事費　84,684,000

（単位：円）

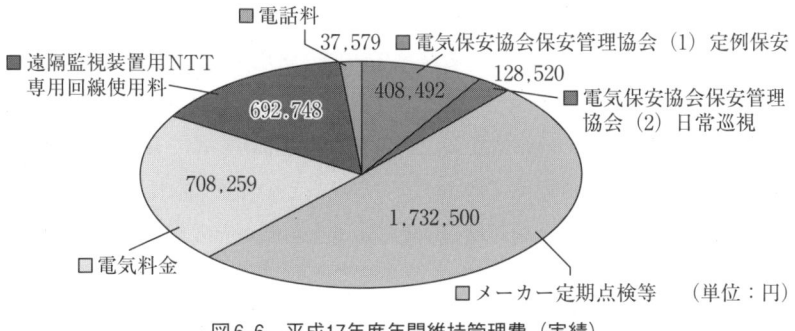

図6-6　平成17年度年間維持管理費（実績）

- 電話料　37,579
- 電気保安協会保安管理協会（1）定例保安　408,492
- 電気保安協会保安管理協会（2）日常巡視　128,520
- 遠隔監視装置用NTT専用回線使用料　692,748
- 電気料金　708,259
- メーカー定期点検等　1,732,500

（単位：円）

　全額を一般財源で賄った．内訳は機器製造と工事費で1億6,656万9,000円，これで全体費用の91%を占めている．

　残りは電波障害，地質調査，実施設計などである．そして年間維持管理費として，図6-6にあるような費用がかかる．大きいのはメーカー（三菱重工業）の定期点検等（173万2,500円），電気保安協会の定例保安と日常巡回費用（53万5,012円），遠隔監視用のNTT回線使用料（69万2,748円），電気料金などである．総額は370万8,098円である．データは2005年度のみであるが，毎年同じ額がかかるとして計算してみよう．そうすると11年間で4,078万9,078円（②）となる．

　その他，啓発表示板，電気室（一式），遠隔監視装置などに合計2,482万5,150円（③）の修繕費がかかっており，これは観光レクリエーション費と文化事業費で充てられた．合計費用（①＋②＋③）は，2億4,884万9,789円となる．

ここで経済的にペイしているかどうかは，この支出が売電収入によって取り返せたかどうかである．静岡県の資料によれば，1年間の売電収入は6,507万2,621円（①）であるが，正確には自家消費電力料金が含まれねばならない．2002～2006年度の4年度間（発電量の少なかった2004年度は除く）の平均56万7,500円を，過去にさかのぼって同じ額の収入として計算すると，自家消費電力596万6,000円（②）を得たことになる．合計（①＋②）7,103万8,621円を得た．先の総投入費用に対して，まだ償還できていないことになる．

　しかし，通常2分の1受けられる補助金（風力発電の普及は国の責務であると考える）を受けていないのであるから，建設費1億8,323万5,561円の半額9,161万7,781円を支出から差し引いて計算すると，1億5,723万2,008円の支出になるから，ほぼ半額を償還したと考えてよい．耐用年数を20年と考えて，自家生産と維持管理費用の差額だけ稼ぎ続けるとしても，その寿命までに全額を償還することは難しいだろう．しかし，この風力発電はあくまでも普及啓発のための導入であり，その後の県内での建設につなげるという重大な任務を背負っての建設であったから，建設費用対効果はそのような角度から考察されなければならない．

5．風力発電の大型化とウインド・ファームへ

　2002年4月23日，御前崎港の港湾緑地マリンパーク御前崎に2基目の風力発電施設が完成して，竣工記念式典が行われた．この施設は，御前崎町がNEDOの共同研究事業で建設したもので，マリンパーク御前崎では，上に紹介した静岡県企画部が建設した施設に続いて，2基目の発電施設になる．定格出力660kW，年間予想発電量173万8,000kWh，タワーの高さ45m，羽根の直径47mがその概要だ．

　つづいて県営（御前崎土木事務所）第2号機「ウインクル」が，御前崎港に建設されたのは，2003～2004年で完成は3月25日であった．全体事業費4億5,000万円．出力1.95MWの国内最大級の風力発電だ．発電した電力の対価でコンテナターミナルの電気料金を賄い，風力発電施設の維持補修費，建設償還金ま

でを賄う．

電力をコンテナターミナルに使うことで，年間約 2,100t の二酸化炭素を削減するというものだ．つまり，同機は「エネルギー自給型港湾」を実現する切り札として建設された．建設後 17 年間（電力供給契約期間）で元を取って，余剰が出ると見込まれる，完全な商用タイプの風力発電だ．

表 6-3　2 号機の収支見積り（千円）

	単年度	17 年間＊
発電対価	52,987	900,779
風力発電施設建設費償還	26,466	449,921
風力発電施設維持補修費	8,239	140,059
電気料金	9,692	164,760
差し引き	8,890	146,042

＊ 17 年間：電力供給契約期間　御前崎土木事務所ホームページ（表タイトルは筆者）
http://doboku.pref.shizuoka.jp/gaiyo/gikan/costjirei15/1.pdf（アクセス 2007.6）

表 6-4　静岡県内の風力発電設置状況（2007 年 5 月末現在）静岡県資料

設置者（事業主体）	定格出力（kW）	実施年度（予定）	事業費（百万円）	NEDO 補助 風況	NEDO 補助 設計	NEDO 補助 設置	設置個所
静岡県	300.0	H8	189	無	無	無	マリンパーク御前崎
中部電力（株）	16.5	H9	約 49	無	無	無	新エネルギーホール
掛川市（旧大東町）	230.0	H10	128	○	○	1/2	大東海洋公園
（株）ロックフィールド	300.0	H11	約 180	無	無	無	（株）ロックフィールド静岡ファクトリー
御前崎市	660.0	H14.4	182	○	○	○	マリンパーク御前崎
磐田市（旧竜洋町）	1,900.0	H14	529	○	○	45%	竜洋海洋公園
スズキ（株）	40.0	H15.4.8	約 50	無	無	無	スズキ（株）研修センター
静岡市	1,500.0	H14-15	350	○	○	45%	中島浄化センター
東伊豆町	1,800.0	〃	528	○	○	45%	浅間山
スズキ（株）	1,500.0	H15	400	○	○	25%	スズキ（株）湖西工場
静岡県（土木部）	1,950.0	H15	404	－	－	45%	御前崎港
掛川市（旧大須賀町）	660.0	H16	約 180	－	－	－	大須賀浄化センター
ブリーズパワー（株）	800.0	H17	130	－	－	－	立岩星空観望台跡地
白川電気土木（株）	1500.0	H18	約 370	－	－	○	牧之原市落居
浜名湖観光開発（株）	1000.0	H18	約 243	－	－	○	浜名湖カントリークラブ
計	14,156.5						

表6-4は，2007年5月末現在での県内の風力発電施設の設置状況である．静岡県が普及啓発目的で風力発電施設を導入して以来，自治体では旧大東町（230kW），御前崎市（660kW），旧竜洋町（1,900kW），静岡市（1,500kW），東伊豆町（1,800kW），静岡県（土木部1,950kW），旧大須賀町（660kW），民間企業でも最初は小規模なものから1MWクラスへと大型風車建設へと移行してきている．これにより風力発電施設の発電効率と生産性，経済パフォーマンスは，具体的数値を示せないが格段に向上していることは，容易に推察できる．

6. 結論

御前崎町（市）の風力発電施設については述べることができなかったが，当地にエネルギーの自給生産体制が部分的にもせよ導入されたことの意義は大きい．風力発電施設を観光資源と直接結び付けて議論することはできないにしても，いま御前崎は，「地球に優しい観光地」としての評価を受けるに値する地域へと生まれ変わっているのではないだろうか．比較的近いところに住み，学生と海がめの放流活動に参加したり，何度も訪れる機会のあるものにとっての思い入れもあるかもしれないが，そう実感する．地元の御前崎小学校では，ホームページ／(http://onsho.city.omaezaki.shizuoka.jp/onshou5-1hp/kamejyouhou.htm 2010年12月アクセス）でアカウミガメの生態を紹介している．

写真6-1は県営の風力発電機であるが，海水浴場の北側に位置している．さらに北方向に御前崎港の県営風車がそびえる．

今後，本格的なウインドパークとしてさらなる整備が進展するよう期待したい．また，今の子どもたちが大人になったら，自然エネルギーのメッカとなるような地域整備が行われると面白いだろう．地域のホテ

写真6-1 県営の風力発電機

ルや旅館，民宿そして住民にも，グリーン電力への投資者になってもらい，地球環境に優しいみやげ物やサービスの提供で，地域が潤うような取り組みにも期待がかかる．

　静岡県の風力発電は，MW 機の時代に入り，今後ウインド・ファームの時代に入ると言える．すでに大型化し，巨大な洋上風力発電の時代に入った世界的趨勢から言えば，遅れているかもしれないが，その分各地域での取り組みの成果を見極めながら，地域の自然環境と調和した，より地域に根ざした建設ができるのではないか．また小型のハイブリッド発電も，都市部の電力自給や環境教育などにとって期待がかかる．

注
1)　静岡県議会の 2006 年度第 3 回環境対策特別委員会議事録によると，風況マップを参考にしながら 11 業者から 27 万 6,000kW の申請が出ているという．こういう状況の中で一部の地域で地元とのトラブルが生じているようであるが，開発行為との円滑な調整が強く望まれる．議事録は静岡県の公式ホームページから閲覧した．

第7章

分析結果の総合化と展望

　第1～第6章まで，風力発電研究のサーベイ，地方自治体系の風力発電所の経済学分析，とりわけ風力発電所の経営実態と財務分析，さらに地域経済・経営的視点からの分析を行った．本章では，各章で得られた知見に基づき，第1章で検討した，本書における，社会科学的研究の位置づけを踏まえつつ，敷衍して，総合的とりまとめを行い，風力発電研究の展望についても触れる．

1. 分析結果の総合

　第1章「風力発電所建設の動向と研究課題」では，本書の背景にある課題を整理し，またその位置を明確にするために，社会科学研究における位置づけと，各章の関連を明示した．本書は，大型の商用風力発電によって構成される，主として，地方自治体によって経営される，風力発電所に関する研究である．今後，風力発電所の建設は，ヨーロッパEU諸国の周辺，アジアへ，さらに北アメリカや大洋州，アフリカ，南アメリカなどの，かつての風力発電の空白地帯へと展開していく．
　その際，そのような地域が，多様な自然条件と社会・文化構造，および経済実態をもっており，今後の持続可能な社会形成の在り方も，多様な方向性を模索するであろうから，いわば「風力発電の多元的モデル」とでもいうものが必要である．本文で引用したスザーカは，ソフトなエネルギー源である風力発電の選

択を，国際資本による大規模モデルである「ハードパス」と，地域の実情に即した，適正な規模をもつ「ソフトパス」に分けて議論した．第1章では，このソフトパスによって展開される，地域・地方自治体の役割の重要性を指摘し，その方法論を「プロサンプション」概念に求めることを，本書の位置づけであるとした．

第2章「自治体所有の大型風力発電所の経営状態」では，第1章の問題提起を受けて，自治体直営の風力発電所が，経営的にうまくいっているのかどうかについて，財務分析を行った．地方自治体が風力発電事業を行う場合，地球温暖化対策に寄与しながら，地域の自立につながる，風力発電所経営の自主戦略を展開することが必要である．次世代に，継続的に風力発電を残すには，地域の自立につながり，地域に風力開発の恩恵が還元される仕組みづくりが求められる．第2章で行った検証は，その意義と具体的な政策，そして，同時に，その限界も示すものであった．

日本で試みられた自治体系の風力発電導入は，第2章で考察したように，その後の風力発電の急成長にとって，実に大きな役割を果たすものであった．立川町，苫前町，寿都町，久居市，前津江村，東伊豆町などの先駆的な取り組みがなければ，日本の風力発電の今日はなかった．NEDOを中心とした再生可能エネルギー促進策がこれを後押しした．

しかしながら，本書での趣旨からすると，そこに大きな制約があったことも事実である．その阻害要因の基本は，日本の風力発電推進のための行財政機構が，基本的に第二次大戦後に形成された，旧型の中央制御型のシステムのままであり，その中で動かされようとしたことである．補助金と起債，これを地方交付税による措置でカバーする財源構成は，乏しい自主財源の環境の中では，風力発電の多様な価値へともっていく政策をとることは不可能に近い．これに加えて，何よりも日本の風力発電は，その買い取り価格が低く，投資インセンティブが起きにくい．

第3章「日本の再生可能エネルギー促進策と風力発電の動向」では，第2章で行った分析を，RPS制度との関係で，さらに分析を深めた．すなわち，こうした行財政の基本構造を，RPS制度の環境下で検証する必要があった．RPS導入から5年を経過し，日本型RPSの中での風力発電の導入状況が，第3章の検

討で，不十分ではあるが，明らかになった．

　まず，風力発電の導入は，明らかに停滞傾向を示しており，それは，導入目標が低いこと，同制度の電気事業者による買い取り価格が低いこと，大型化しなければ採算がとれず，小規模な風力発電所が建設できないこと，また，ウインド・ファームの規模が大型化し，適地が制限されることなどの問題との関連である．このことは，自治体系風力発電所や，NPO の風力発電所（市民風車）にとって決定的に不利である．

　これに対して，今後のデータ開示を待たねばならず，断定はできないかもしれないが，事実上の固定価格買取制度のもとで，太陽光発電が伸びており，RPS 制度の競争原理は，一応は機能しているように思える．したがって，RPS 制度のもとでも，思い切った買取価格が示されて，義務化されれば，ヨーロッパの経験に照らして，風力発電導入は進むはずである．RPS 制度が発足してまだ日が浅いために，今後の制度の在り方に関しては，いましばらく検証作業が必要であると思われるが，プロサンプション型風車を増やすためには，別の第 3 の制度設計が必要になる．

　第 4 章「ツーリズム資源としての風力発電」では，この第 3 の制度設計を，ツーリズム資源として活用する方向に求め，その可能性を考察した．具体的には，日本の自治体風力発電のうち，観光振興を掲げたいくつかの地域について検証した．繰り返しになるが，風力発電は，電力生産と販売のためのハードウェアであるのみならず，風を地域振興に利用して，地域を支える人びとと，地域を訪れる人びととの架け橋の役割を果たす，ソフトなエネルギー生産方式である．来訪者も風力発電に触れることで，地球環境とその保全の大切さを認識する．

　日本の再生可能エネルギーは，省庁の補助金の枠に制約された，縦割型振興策の性格が強いので，総合的な地域的戦略が実行しにくい．今回実施した観光地アンケート調査は，来訪者にとって，風力発電所が観光地になじみ，背景景観に溶け込んでいることを教えてくれた．

　もちろん，風力発電に違和感を覚える人もいないわけではないが，全体として，観光施設の価値を増幅する方向で認識され，風車がない場合よりも，周辺環境・自然配置の中で，ある種の感性をはぐくむ存在であり，利活用の仕方では，観光地の優劣を左右する存在でもある．後掲 2.3「地方自治体・地域の役割」で

紹介する．韓国済州島のリゾートホテルは，庭園に風車をモニュメントとして配し，ホテルの付加価値・差別化を図っている．

　風力発電を含めた，再生可能エネルギーの普及のために果たす，地方自治体の役割は大きく，自主財源の充実を中心に，エネルギー政策の分権化が必要である．風力発電を地域の財産とし，ツーリストたちにとっても，魅力のある存在にするためには，設計からメンテナンスまで，一貫した制度設計が必要である．自らの地域で風力発電を含む景観を作り出し，自らの地域のために利活用することは，プロサンプション概念によくマッチした，取り組みとなる．地方自治体はそのための制度設計を，分権型税財政改革とともに，もっと研究しなければならない．そのためのヒントを，のちの2.3「地方自治体・地域の役割」で示した．

　第5章「風力発電と電力の自給」では，本書の主要命題である，プロサンプション概念を使って，地域産業へ電力を供給するケースを分析した．発電所の運営それ自体に関しては，様々な課題を抱えながらも，風力発電所を地域産業に利活用する試みは，世界的にも大きな成果を上げていると結論できる．電力の生産とグリッド接続による売電を「量的側面」とすれば，自家消費は風力発電の「質的側面」であり，プロサンプションそのものである．また，それゆえに，ソフトな電力利用方式である．その取り組みの中では，アクターたちは電力事業者への従属者としての地位から，地域社会の主役（プロシューマー）に転ずる．

　第5章は，「自家消費＝プロサンプション」という，質的側面に焦点を当てたのである．そのことは，翻って，地域での再生可能エネルギーへの取り組みを目指す人びと（アクター）が，プロシューマーとして，とらえられなければならないことを意味する．旧前津江村のケースは，自らの地域資源を利用し，自らの地域の人びとと協力し，外部資金や人材・知識を活用しながら，風力発電所を建設して，電力を生産し，地域の施設に活用し，地域の活力を育てる，プロシューマーである．また，再生可能エネルギーは，グリフィン・トンプソンらが，主張する「校庭（playground）の政治」と呼ぶ意味合いにも通じる．論文番号[2.2.19]でサーベイした，風力発電の「福祉原理（welfare measure）」も，プロサンプション風車の重要な要素である．

　しかしながら，現在の日本の地方行財政制度は，官僚機構に実権が集中して，そのような意味でのプロシューマーを，育てにくい構造を持っている．RPS制

度は，むしろ，地域風力資源の果実を，既存電力会社へ集中化させようとしているように思える．化石燃料が，本質的に中央集中型エネルギーとして，産業主義時代の経済構造を支えたように，風力資源を再び集中化させようとしているのかもしれない．スザーカはこの流れを「ハードパス」と呼んだ．これに対し，本書のプロサンプション風車は，別の道を模索する．

第6章「導入期・静岡の風力発電」は，第5章のプロサンプション風車の概念設定を，静岡県の御前崎地域の県営風力発電について分析した．NEDOの補助金がない時期にすでに電力自給型風力発電所の建設に踏み切ったことは，高く評価されよう．工業港は，広い敷地を有しており，電力消費も大きいことから，漁港とともに今後積極的に風力発電の展開を図っていくべきだと考えられる．

2. 展　　望

2.1　再生可能エネルギー経済

　以上，地方自治体が中心になって経営する，商用風力発電の財務，地域経営，ツーリズム，地域経済振興の利活用に関する考察を，再生可能エネルギーの導入促進策と関連させながら総合的なまとめを行った．再生可能エネルギーへの展開は，本文でたびたび指摘したように，日々刻々と埋蔵量を減少させる化石燃料の代替エネルギーとして，その利活用は，ますます，重要な政策課題となることは間違いない．中でも風力発電は，これまでのビジネスモデルとしての成功を携えて，電気自動車や水素生産，基幹・新産業などと連携した，新しいビジネス・チャンスを開拓する可能性を秘めている．

　補論では，このような利活用と将来展望に言及した研究を，少なからずサーベイした．論文番号 [1.10][1.11][3.5][3.17][3.20][3.23][4.1][4.3][4.7] などがそれである．こうした研究は，著者の意図にかかわらず，本書で概念提示した，広義のプロサンプション風車の研究である．プロサンプション風車の，より厳密な概念設定は，次の2.2「電力プロサンプションとプロシューマー」で行う．また，他方で，地球温暖化対策の推進は，国際政治の舞台と地域の両方で待ったなしの状況であり，そのための切り札である，再生可能エネルギーに関す

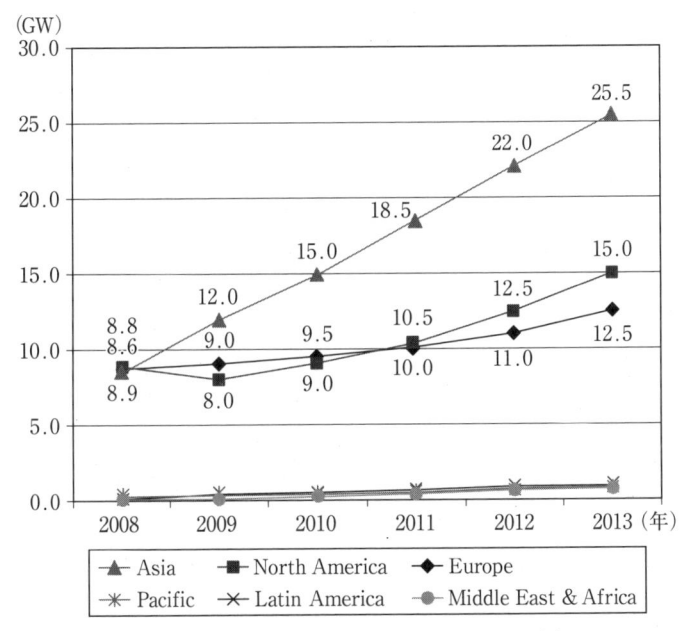

図7-1 地域別年間伸び率の予測（2008～2013年）
出典：GWEC GLOBAL WIND 2008 REPORT

る導入促進論議は，ますます熱を帯びてくる．

ただ単に，化石燃料に代わる電力供給という議論を超えて，地域経済の振興，雇用，サプライ・チェーンの育成，国際分業の進展といった，より大きな経済構造の再編成につながる方向へ展開することも間違いない．

図7-1は，GWECによる2013年までの風力発電の地域別伸び率の予測である．

第1章でみた，アジア中心の伸びが顕著であり，ラテン・アメリカ，太平洋諸国，中東およびアフリカも，無限の可能性を秘めた地域である．累積導入量の予測（図7-2）では，2013年には，アジアは，北アメリカを抜き，ヨーロッパと肩を並べる位置にまで躍進する．ラテンアメリカ，太平洋諸国，中東・アフリカ諸国もその地位を徐々に上げてくる．

近代的風力発電の発祥の地，デンマークで，風力発電のコンサルタントを行っているBTMコンサルタントApS[1]は1997年から，世界の風力発電の市場予

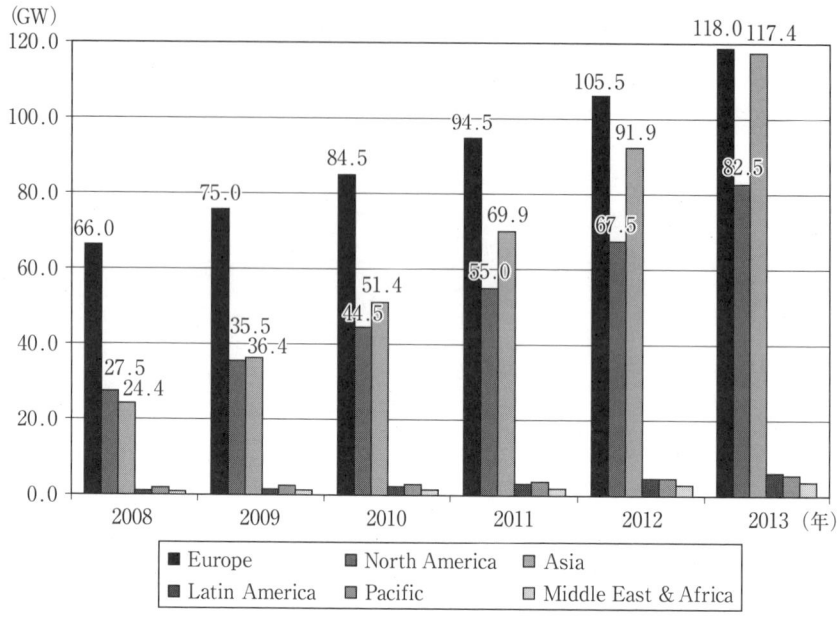

図7-2 地域別累積導入量の予測（2008〜2013年）
出典：GWEC GLOBAL WIND 2008 REPORT

測を行い，グリーンピースによっても利用されているが，最新の予測を2009年10月に発表した．それによれば（図7-3），導入を低めに見積もっている，ビジネス・アズ・ユージャルのケースでも，2030年には2,483GW，対2009年比で16.2倍に増加することになっている．これは，導入容量での伸びであり，関連産業や雇用吸収力を含めると，世界の経済産業構造に与えるインパクトは計り知れない．これに，太陽光発電や，バイオマス，小規模水力発電など，いまだ，「政策市場」の段階にあり，ビジネス面でのテイクオフ（Take-off：経済的な離陸）を見ていないエネルギーの台頭を含めると，300年ぶりの新産業革命が到来する日も間近であると思われる．

「ヨーロッパモデル」[2]の成功の成果を見極め，今後はより多様な風力発電の方向が模索・研究されるべきである．本書では，再生可能エネルギーの成功事例である風力発電について，自治体系風力発電所という限られた範囲内ではあるが，実態調査と，利用可能な財務データ等を活用する形で，かかる現状と展開方

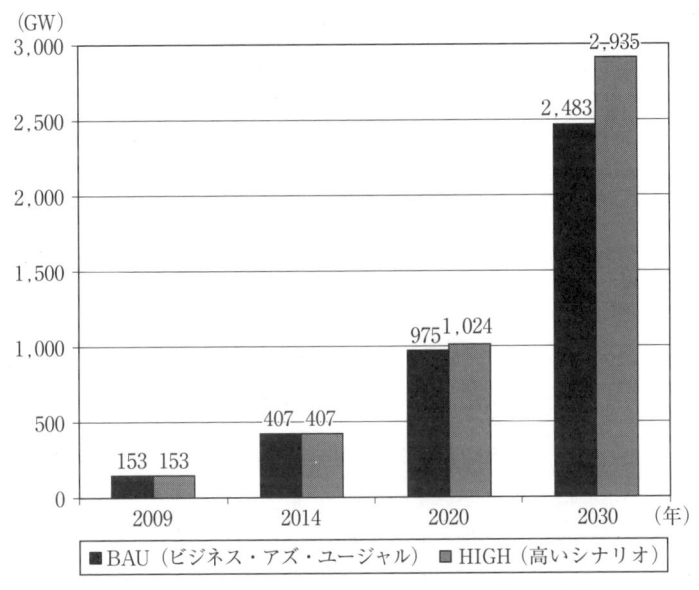

図7-3 BTM Consult ApSによる風力発電導入量予測

向への研究の基礎を築くことができたと確信する．

2.2 電力プロサンプションとプロシューマー

　風力発電プロサンプションは，化石燃料の電力生産に対し，どこまで，そのアイデンティティーを主張することができるであろうか．電力を自ら生み出すとともに，発電施設を，自らのために利活用することと，生産された電力を，市場機構の中で受け身的に購入することとは，基本的にどのように違うのであろうか．これまで述べてきた，風力プロサンプションの概念をまとめると，図7-4のようになる．この図を使って，第1～第6章までの総括を，もう一度高い次元で再現し，地域・地方自治体の位置づけと役割を抽出する．

　A.トフラーの『第三の波』を熟読することによって，容易に概念化することができる（図7-4）．図の右の円は，従来の大規模グリッドを前提として，それに風力発電を接続する，スザーカのいう「ハードパス」方式の風力利用である．A.トフラーの用語に従えば，「セクターB」の領域である．

　原子力や大規模水力，石油・石炭火力は，水力を除き，GWクラスの発電能

図7-4　プロサンプション風車の概念図

（ベン図：生産と消費が結合した経済＝セクターA（プロサンプションエネルギー経済）、生産と消費が分離した経済＝セクターB（大規模集中型エネルギー経済）、重なり部分＝スーパーセクター）

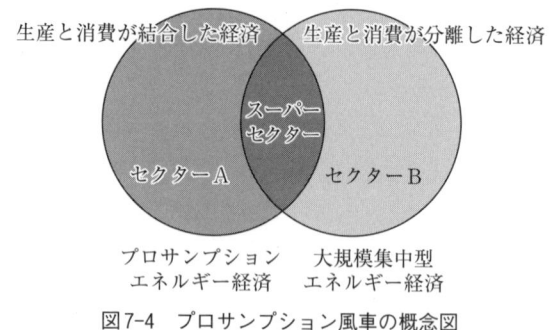

力をもち，発電所から遠隔地の大都市や工業地帯の電力需要にこたえる．場合によっては，海の向こうへ供給することも可能である．そこでは，電力の生産と消費は分離し，市場機構を通じて電力は売買される．この配電システムの中で，私たちの暮らしは，格段に文化水準を高めてきた．本書では，第2章と第3章が，この大規模集中型エネルギー経済との関連で，風力発電を検証したのであった．

他方，図の左はプロサンプション・セクターで，このエネルギー経済の中では，基本的に生産と消費は結合しており，A.トフラーによって，セクターAと呼ばれた．Aというわけは，産業革命以降の大量生産・大量消費によって，生産と消費が完全に分離する以前に存在していた，共同体や家事労働をプロトタイプとする，生産・消費概念だからである．現代では，家事労働を始め，日用大工や，地域共同体での様々な共同事務の遂行がこれにあたる．このプロサンプション経済は，基本的には貨幣経済を利用しないで，自らのために自らが生産するので，現代では，経済学が対象とする「経済」の実態としては，現実に存在しない．しかし，オートノマス電源とか，独立電源と呼ばれる電力システムは，このプロサンプション・エネルギー経済に属する．ここでは，電力を自ら生産し，自ら消費するので，電力の生産者はプロシューマーとなる．（Producer＋Consumer＝Prosumer：プロシューマー）

第1章のサーベイでみた，中国の独立電源に関する研究や，離島，へき地におけるオートノマス風力発電やハイブリッド・システムに関する研究は，このセクターAに属する．今後，風力発電が風力利用空白域へと展開する場合，このセクターAの電源方式が，決定的に重要な意義を持つ．ツーリズム資源として，

風力発電所を利活用するという戦略は，電力の大規模グリッド接続ではあるが，発電所という資源を，自らのために利活用し，ツーリストを誘致し，その経済的果実を地域のものにするという意味で，プロサンプション的である．

　しかし，大規模グリッド接続を前提としているので，図では，セクター A とセクター B の融合領域に位置するシステムである．この融合領域を，スーパー・セクターと呼ぶと，第 4 章の「ツーリズム資源としての風力発電」は，スーパー・セクターに位置する研究であった．第 5 章の，自家発電としての風力発電も，スーパー・セクターに位置していた．したがって，日本のような，配電網が整備されている国における，プロサンプション風車は，スーパー・セクターに位置する．

　次に，セクター A とセクター B の電力市場の基本的な相違点を，次の表 7-1 によって考察する．説明にややあいまいな点を残すが，研究の厳密さは今後の課題としたい．

　大規模集中型の風力発電システムは，すでにみたように，既存の化石系発電を，大規模に再生可能エネルギー源に置き換えるので，地球温暖化対策としては，即効性を持っている．これに対し，プロサンプション型は，どちらかというと規模が小さく，大規模集中型の，いわばニッチ市場を狙ったり，売電をしない場合には，個人および企業の投資意欲をあまり刺激しないので，遅行的である．

表7-1　風力プロサンプションの性格

	プロサンプション型	大規模集中型
地球温暖化対策	遅行性（持続的）	即効性（遅行性）
生産と消費	（再）結合	分離
流通	直結・短い	長い
労働	作り出す喜び・創造力	なし
価格	技術革新と量産による価格低下	資源枯渇による上昇傾向
税制	非課税	消費税等の対象（環境税）
産業構造	地域産業コンプレックス（クラスター）	自己完結的
地域経済	内発型発展	外来型開発
意思決定	ボトムアップ	トップダウン
地域共同体（自治体）	結合強化（オートノミー）	結合融解（アウタルキー）

注）A.トフラーの『第三の波』をベースに，文献サーベイと各章の分析結果を踏まえて作成．

しかし，環境「学習」効果が働くことによって，持続的である．また，生産と消費が基本的に結合しているので，つまり，生産者と消費者が結合しているか，近い位置にいるので，発電ロスが少なく，メンテナンスや更新に関して，人材育成を行えば，機動的であり得る．大規模な配電網や周波数調整に莫大な経費をかける必要がないので，流通上の節約にもなる．

　重要なのは，消費者サイドから眺めた場合，大規模集中型発電システムは，消費者は電力の消極的な受け手でしかなく，せいぜい家庭用ソーラー発電システムによって，自己のアイデンティティーを主張することができるにすぎない．しかし，プロサンプション型は，家庭用ソーラー発電にあっても，電力を作りだす喜びと，消費する工夫によって，積極的なプロシューマーになる．JF はさき風力発電所では，その発電方式を他の漁港・漁業へも普及していく課題を挙げた．

　次に，電力価格であるが，第 2 章と第 3 章で検証したように，グリッド接続風力発電の日本の自治体風力発電所は，苦境を強いられている．大幅な価格引き上げと制度整備によって，大規模集中型発電と対等に運営していけるようにしなければ，展望は開けないばかりか，日本は風力発電の後進国になってしまう．しかし，日本の RPS 法が前提にしていない「自家消費」を考えると，自家消費電力は「無償」であり，投資資金とメンテナンス・人件費等を償還できれば，既存集中型発電と対等に勝負できると見込まれる．第 2 章での結論のように，売電価格は引き上げられるべきである．プロサンプション風車は，いわば「見えない経済」に属するから，税の対象にならず，公共団体にとって魅力がないように思えるかもしれないが，第 4 章で考察したように，ツーリストを増やし，地域に観光収入をもたらす．この観光収入は，産業連関的に地域の所得循環を高める．本書では，当初，出雲市の道の駅「きらら多伎」で，産業連関分析を行う予定であったが，検証結果に厳密さを欠くため，ここでは断念した．

　産業構造面でも，集中型発電が，どちらかというと自己完結的であるのに対して，プロサンプション風車は，多様な電力需要と利用方法を志向するから，多彩な関連産業を創出する可能性がある．そのような産業は地域に根差した地場産業を活性化させる．こうして地域振興戦略は，大規模集中型電源が外来的であるのに対して，プロサンプション型は内発型である．その点では，風力よりも地域バイオマスと発電は最も内発性が高い．

こうして，プロサンプション型エネルギーは，地域を基盤として展開するから，政策や実施面での意思決定は，きわめて，グラスルーツ（grass-roots）な，ボトムアップ型のシステムである．デンマークの，サムソ島における，風力発電を含む再生可能エネルギーへの取り組みとその成功は，このプロサンプションの力と意思決定の，ボトムアップ方式にあった．こうして，本書で取り組んできた，自治体所有の大規模風力発電の経営分析と，プロサンプション型風力発電に関する考察は，地域共同体（地方自治）における結合強化とオートノミーへと導くことを意味している．

2.3 地方自治体・地域の役割

最後に，本書の分析の総合化から得られた知見をもとに，地方自治体と地域の，位置づけと役割に言及して締めくくりとしたい．筆者は，これまで，この分野での研究を行ってきたことから，触れなければならないと考えることは多いのであるが，ここでは，本書の分析にかかわることに限定して，あまり，「微に入り細をうがつ」の議論になることは避けて，ポイントを絞って提示したい．内容は，前項の 2.2「電力プロサンプションとプロシューマー」で述べたことに対応している．

多様な風力利用のために，地方自治体と地域は，今後も，風力発電の先頭に立ち，「多元的モデル」を開発すべきである．そのためにはまず，発電所が地方自治体の経営にプラスになるように，大幅に売電価格を引き上げるなど，制度設計を見直すべきである．そのために，どこがネックになっているのか，どこを直せば，うまくいくのか，地域と地方自治体はもっと研究しなければならない．そして，中央政府と指導機関も協力しなければならない．

とくに，そのためには，地方税財政制度は早急に変革されるべきである．基本は地方一般・自主財源の充実と，補助金・起債・交付税を通じる中央政府の地方政府に対する，財源的中央制御の改革である．財源面から，地方自治体が，再生可能エネルギーを導入しやすい環境を作ることが必要である．とはいえ，財源の地域格差を考えれば，第2章で指摘したように，自治体の広域連合を形成して，導入を進めるのが合理的である．このような方向性を支援する，県レベルの支援も再考されるべきである．プロサンプション風車を支援するために，地域の住民

が所有者になって，経済的な果実を得られるように，投資資金の貸付金融事業を興すのもよい．

再生可能エネルギーの中央補助制度には，種々雑多で，効果が細分化されてしまうと考えざるを得ない，支援行政の縦割りの弊害が存在している．このような支援体制は，本来組み合わされて効果を最大化させるべき，再生可能エネルギーの利活用にとって，最大の阻害要因である．ぜひともこれは一元化して，緩やかな使い道を可能にして，地域戦略を実行しやすくすべきである．

地域には，これまで再生可能エネルギーの利活用に関して，膨大な実践とノウハウの蓄積がある[3]．この貴重な経験と知識は，地域と地域の相互交流によって，さらに豊かな経験へと発展する．進化生物学者サイモン・レビン（Simon A. Levin）は，環境問題への提言として，これまでの種の進化が，地域での最適存在条件を見いだすことによって進んできたように，環境への取り組みも，地域レベルでの交流が一番であると推奨する[4]．地域・地方自治体レベルでの，例えば，「東アジア・東南アジア・大洋州再生可能エネルギー共同体」のような構想も将来的には必要になるのではないか．そのために，地方自治体，大学・研究機関の啓発，教育研究体制の充実が求められる．人材育成は，今後の再生可能エネルギー市場の大成長を考えるとき，とくに重要かつ喫緊の課題である．

写真7-1は，韓国済州島の，あるリゾートホテルの庭に配置された，風車のモニュメントである．夜はライトアップされ，池にボートを漕いで憩い，夕涼みの散歩を楽しむ泊まり客のお気に入りの空間である．ややエピローグ的になり，学術論文の最後を締めくくるには，不適切であるかもしれないが，再生可能エネルギー100％で経営される，地域プロジェクトが実施されてもよいのではないだろうか．

写真7-1　風車のモニュメント
（筆者撮影2009年6月）

注

1) http://www.btm.dk/ （アクセス，2010.1.20）
2) ジョセフ・スザーカのいう「国際電力モデル」(the international utility model or large-scale deployment model)
    Josef Szarka (2007), *Wind Power in Europe Politics, business and Society*, palgrave, p.193
3) 前田典秀（2006）『風をつかんだ町』風雲舎
4) Simon A. Levin (1999), *Fragile Dominion*, Perseus Pulishing, London
    邦訳　重定南奈子ほか訳（2003）『環境保全のための複雑系理論入門　持続不可能性』pp.196-199, pp.320-323　（ここでは邦訳書によった.）

補 論

風力発電の社会科学的研究の背景

1. 再生可能エネルギーと風力発電

　再生可能エネルギーと風力発電に関して，日本の研究状況を概観する．本書は，風力発電の研究であるが，風力発電の導入は，太陽光発電やバイオマス発電，小規模水力発電など，再生可能エネルギーとの関連で考察することが必要である．風力発電は，水素生産や他の再生可能エネルギーとの組み合わせで，今後のエネルギー源の主役になることは確実であるから，サーベイの中にそれ相応の位置づけを与えた．

　まず，挙げなければならないのが，清水（2004）の著書で，これは風力発電の技術関係の解説書ではあるが，第1章1.3「日本の風力発電開発状況」では，北海道苫前町夕陽ヶ丘風力発電所，山形県立川町（現庄内町）風力発電所，三重県久居市（現津市）青山高原風力発電所，和歌山県吉備町風力発電所，高知県梼原町風力発電所，島根県多伎町（現出雲市）風力発電所，大分県前津江村（現日田市）風力発電所などの風力発電所の建設経緯を，地域振興の観点から解説している [1.1]．本書では，清水の記述を手がかりに現地調査を行い，現状の裏づけとして利用している．

　風力発電の解説書は，理工系の書物が多い中，前掲清水の著書と並んで，社会科学（文化）系の読者を対象に書かれた牛山泉（1997）の『さわやかエネルギー風車入門』を挙げる．「エネルギーを供給する側の人間には理科・技術系の人が

多いが，エネルギーのユーザーの圧倒的多数は文科系の人が占める」（同書「あとがき」）とされ，風と生活・文化，風車の構造，歴史，風車と景観，風車の経済問題，世界の風車の開発状況などが論じられている．[1.2] 第4章の「ツーリズム資源としての自治体風力発電の利活用」に関する考察に当たり，本書から大きな示唆を得た．

日本の研究者では，飯田（2000）が先進的な研究を行っている．『北欧のエネルギーデモクラシー』は，エネルギー未来像に向けた，北欧社会のダイナミックな取り組みを，実地調査と豊富な資料で明らかにしている．具体例として，欧州連合へも大きな影響を与えた，スウェーデン南部の風力電車，化石燃料ゼロ（スウェーデン・ベクショー），自然エネルギー100%を目指す地域（デンマーク・サムソ島）などが挙げられている．[1.3]

「フォーラム平和・人権・環境」（2005）の研究も，自然エネルギーに関するものであり，その中に風力発電を位置づけている．エネルギー消費半減社会が実現されるとして，それでもなお必要とされるエネルギーを自前で確保できるのか，その可能性の有無を量的な側面から明らかにするため，持続性を前提として，代表的な自然エネルギーを対象に検討し，概括している．結果的には，太陽エネルギー，風力，バイオマス，それに，水力，地熱を動員すれば，量的な面は満たされることを示している．[1.4]

新妻（2006）は，ローカルな事例研究の中に，再生可能エネルギーを位置づけて論じている．地球温暖化問題の解決には，現代社会のエネルギー・システムのクリーン化と，徹底した省エネルギーを進める一方で，長期的には再生可能エネルギーの，抜本的な利用拡大が不可欠であるとする．本稿では，再生可能エネルギーの特性と，その利用拡大を妨げる要因について概観するとともに，宮城の地にあって，何をすることができるかが考察されている．[1.5]

木村（2006）は，再生可能エネルギーの，電力市場の自由化の流れの中での，RPSの制度論を研究し，RPSをどのように制度設計することが可能なのかについて論じる．本稿では，2004年度末までの日本のRPS市場実績から，その問題点が論じられ，その問題の原因となっている，制度上の課題が明らかにされている．[1.6] 本書の，第3章「日本の再生可能エネルギー促進策と風力発電の動向」は，木村の研究に負うところが大きい．本書は新たに利用できるようになった

RPS 関連のデータによって，論を発展させたと考えている．

　木村（2007）の研究の続編では，1990 年代半ば以降，米国において考案された，再生可能エネルギー・ポートフォリオ基準を考察し，RPS をどのように制度設計することが可能なのかについて論じている．RPS の課題については，これまで，それぞれの課題が別々に論じられてきたが，本研究では，再生可能エネルギーの供給のプロセス全体を捉え，RPS の利点および機能を妨げる可能性のある障害を，包括的に論じている．[1.7]

　Jean-Marie Chevalier（2004）は，化石燃料の使用による地球温暖化の災難を避けるために，再生可能エネルギーの開発を促進する必要性を認め，エネルギー源の多様化によって，主要エネルギーへの依存度を減らすことが可能になり，各種エネルギーの貢献度，その限界を比較検討できることを主張する．そして，エネルギー源の多様化によって，将来，技術の開発をにらんだ研究開発が促進され，外部費用を内部化し，エネルギーの種類ごとに，社会に対する総コストをきちんと表示できるとする．社会的費用論からのアプローチである．[1.8]　サーベイ結果から，環境経済学における社会的費用論に関する論文が散見されるが，これらの研究は，本書における「横糸の」重要なカテゴリーとなっている．

　Amory B. Lovins（1982）らは，アメリカ合衆国の，創成期の再生可能エネルギーの導入環境について，とくに投資環境に焦点を当てつつ，包括的に議論しており，合衆国風力発電の歴史を知る上で重要な論文である．[1.9]

　Masataka Murahara（2009）の論文では，食料基地と地球温暖化問題を同時に解決し，平和を愛し，資源戦争のない持続可能な社会を実現するために「洋上統合生産基地」が提案された．生産基地は，洋上のメガフロートの上に置かれ，そこには風力，潮力，太陽光などの再生可能エネルギー発電が具備される．そして，燃料，真水，化学物質，野菜，魚を生産する，水素・エタノール製造装置，野菜工場と揚力場を配置する．本論文では，その構想の詳細について述べている．[1.10]

　本書は村原と関（2006）の研究の集大成で，前掲報告の元になっている著作である．バイオマスの利用によって食料・資料価格が高騰するなどの矛盾を避けるために，ナトリウムなど風力発電で様々な資源を生み出す，メガフロートの構

想に言及している．[1.11]

　和田武（2008）は，日本の社会科学分野の環境・再生可能エネルギー研究の第一人者であり，本書は，積極的な地球温暖化対策を実施しているドイツの政策が，再生可能エネルギーの飛躍的な成長をもたらしていることを，豊富なデータと現地調査を踏まえて示している．その普及は市民の参加・関与のもとで進められており，それによって起きている社会的な変化を明らかにしようとしたものである．[1.12]

　Paul Gipe（1991）の論文は，前掲 Amory B. Lovins らの論文と同じく，創成期の風力発電に関する研究である．本論文は，カリフォルニアとデンマークの風力発電の成功，とくにカリフォルニアの風力発電の形成に言及している．[1.13]

　Griffin Thompson（1996）らの研究によれば，再生可能エネルギーの問題を，ただ単にエネルギー・技術の問題として捉えるだけではなく，エネルギーを普及し利用する人びと（コミュニティ）の民主主義の再建の課題として捉えることを強調した．本書では，第5章で風力発電の電力生産と地域経済の振興に言及したが，その際の指針として参考にした論文である．[1.14]

　再生可能エネルギーに関する研究には，環境，景観，生態系に及ぼす影響と密接に関連したツーリズムの研究がある．Branko Blazevic（2009）の研究では，クロアチアの地域の持続可能な発展の概念の採用と，再生可能なエネルギー源の利用とは，環境哲学（eco-philosophy）に基づいて受け入れられる，地域ツーリズムの組織化を提唱する前提であるという基本的な命題に焦点を当てて論述している．[1.15]　本書の，「ツーリズム資源としての利活用」という視点と共有しうる研究である．

　再生可能エネルギー研究の社会科学的研究の主要課題は，いうまでもなく，その導入促進に関する制度整備の問題である．Lucy Butler と Karsten Neuhoff（2004）の研究は，ドイツとイギリス（UK）を事例に，固定価格買取制度，割り当て制度（Quota），競争入札制度（Auction）を比較研究の対象とした．[1.16]

　中村太和（2001）の著書では，自然エネルギー戦略に関して，エネルギー自給圏の形成と市民自治の観点から再生可能エネルギーが考察されている．すなわ

ち多様な自然エネルギーをうまく組み合わせて，地域で必要なエネルギーを地域で供給することは夢物語でないとして，市民をエネルギーの生産者と位置づけている．本書の第5章で取り上げた，電力の「プロサンプション」に共通する考え方である．[1.17]

次に挙げるのが，飯田哲也ほか（2005）の『自然エネルギー市場　新しいエネルギー社会のすがた』で，本書は風力，太陽光，バイオマスなどの再生可能エネルギーが，石油に代わって，世界の産業界を変えつつあることを，エネルギー政策，環境政策，産業政策，持続可能な社会などの視点から，多角的に論じた．風力発電ビジネスに関しては，堀（ユーラスエナジー）が，経験をもとに執筆した．[1.18]

サムソ・エネルギー協会（Samsø Energy Academy）は，サムソ島における自然エネルギー100％の地域づくり10年の記録をまとめた．麦藁，木材チップによる地域暖房システム，住宅の断熱化，太陽光発電，風力発電などの再生可能エネルギー導入の取り組みが，数字による検証を含めて，克明に記されている．[1.19]　この論文は，風力発電のサムソ洋上風力発電の分析に参考になる．また，再生可能エネルギーの，地域レベルでの構想立案に欠かせない資料である．

Alvin Tofflerは，有名な著書『第三の波』において，農耕社会（第一の波の社会）に対応したエネルギーを再生可能エネルギー，産業社会（第二の波の社会）では化石燃料，高度情報通信社会（第三の波の社会）では，技術革新に立脚した再生可能エネルギーへと，再び回帰するとして，とくに，発展途上国での再生可能エネルギーの利活用が進むことを強調した．[1.20]　第5章のプロサンプション風車の分析の理論的フレーム・ワークである．

Lester R. Brownは，『エコ－エコノミー』の中で，地球環境の危機を経済面から明らかにするとともに，環境経済学の観点から再生可能エネルギーの導入を説いている．注目すべきは，地球温暖化防止と国際連帯のためには，アメリカ合衆国が強力なイニシアティブをとらなければならないと力説していることである．[1.21]　彼の提示した論点は，本書の環境経済学的解釈の下敷きになっている．

以上サーベイした再生可能エネルギーに関する研究は，本書全体の構成にかかわるものであり，第7章で分析結果の総合化を試み，展望を引きだす際に関係し

ており，大きな示唆を受けている．

2. 風力発電の政策

次に風力発電の政策に関連する業績を概観する．風力発電の政策は，政策一般に関する研究，プランニング（ソーシャル・アクセプタンス），フィージビリティ・スタディ，景観・環境に分けて概観する．風力発電の研究には，中国・インドの研究者が，数多くの興味深い研究を発表しているのが特色である．しかし，ここではスペースの関係から省略する．政策に関する研究もまた，前項の再生可能エネルギーに関する研究と一体となって，本書全体に共有されるジャンルである．

2.1 政　策
日本の風力発電に関する社会科学研究の中では，松岡憲司（2004）の『風力発電機とデンマーク・モデル』が特別な位置を占めている．本書は，風力発電の市場（メーカーの技術開発）に焦点を当てた，国際比較分析である．デンマークの農業と，土着的な技術開発（大企業ではなく中小企業がボトムアップ式に，技術開発の先導役を果たす）を，デンマーク・モデルと捉え，ドイツ，アメリカ，オランダ，日本と比較研究を行った．[2.1]

国際的な研究で特筆されるべきは，Joseph Szarka（2007）の著書であろう．本書は，エネルギーのソフトパスという概念機軸を中心に，デンマーク，ドイツ，スペインなどの風力先進国とフランス，イギリスとも比較考察を行い，風力開発を，今後，引き続き行う場合の教訓を引き出すことに，主眼が置かれている．アメリカは，分析対象になっておらず，今後の課題であるほか，風力発電の供給現場での実証研究が乏しいために，今一つ説得力に欠ける感があるが，社会科学分野では第一線の研究分野を切り開いていると言える．[2.2] 本書の社会科学分析のアプローチに関して，同書から受けた示唆は多い．また，Peter A. Strachanら（2010）の研究は，風力発電の所有構造に関して国際比較を行っており，本書では，風力発電の所有概念構成に不可欠な示唆を受けている．[2.3]

研究のための外国論文・文献スキャンを行ったところ，風力発電に関する日本の研究者の，学術雑誌への論文掲載が，非常に少ないことが挙げられる．社会科学研究に関しては，皆無といってよい．しかし Hikaru Matsumiya らの研究 (2000) が注目される．本研究発表は，日本の 1990 年代後半の風力発電の急成長を，政策導入と電力の自由化の流れと関連させて論じた．[2.4]

　デンマークやドイツなどの個々の EU 加盟国は，再生可能エネルギー分野で，先進国としての利益に基づいて，競争上の利益を生み出す合理的な経済利害を持つかもしれない．Urs Steiner Brandt と Gert Tinggaard Svendsen (2006) の研究では，京都条約（議定書）を実施する様々な手段が，京都の目標値の批准に続く諸国に対して，風力発電を含む，新しい再生可能エネルギーの市場化に潜在力を持つことを示した．[2.5]

　Ben Drake, Klaus Hubacek (2007) の研究は，風力発電所の立地点の地理的な拡散が，結果として引き起こす，風力発電の発電量の減少可能量を測定することを目的としている．その結果，風力発電の導入容量を分散させることで，36％の発電量の減少を招くことを示している．[2.6]

　世界の風力発電は，ヴェスタス （デンマーク），GE エナジー（アメリカ），ガメサ（スペイン），エネルコン（ドイツ），スズロン（インド），リパワーシステムズ（ドイツ），シーメンス（ドイツ），三菱重工業（日本）など，有力なメーカーが主導しているので，メーカーによる研究論文も注目される．

　ガメサ（Gamesa）の Jose Donoso (2008) によれば，ガメサは CDM（クリーン開発メカニズム）に適合した地域において，6 年以上の間にわたり，風力発電開発に携わってきた．発展途上国における，CDM プロジェクトの開発を取り扱う時に，ガメサが経験したことを，開発の障害（融資，二酸化炭素市場，実施国の規制および CDM の手続き）に特定して述べている．また，持続可能な発展へ向けての風力開発は，重要であるにもかかわらず，現行のメカニズムは，他のテクノロジーと比べて，風力発電を明らかに不利に扱っているとする．[2.7]

　風力発電所は，森林地帯に建設されることが多く，近くの森林は，発電量と風車に負荷を及ぼす．建設された風力発電の成否は，この影響を予測できるかどうかにかかっている．この研究は，森林をシミュレーションの範囲に入れる，様々なモデルを利用しながら，風力資源評価に関する 3 つのモデル（WAsP, WAsP

Engineering, WindSIM）の認証を行った．いくつかの森林モデルを使って試したところ，正味の風速，年間電力消費量，乱流の濃度，近くの森林での風の減少の予測をかなり改善したとする．[2.8]

このミレニアムの最初の時期に，ハンガリーでは，風力発電所建設が怒涛の勢いで始まった．Gábor Csákáry（2009）は，2005年から，風力発電にネガティブな方向で環境法が継続的に改正され，認可のプロセスを遅延させて，風力発電の導入に330MWの制限とペナルティ制度を課したこと，また不幸にも，再生可能エネルギーに対する助成金の配分も，非常に不公平なものになったことを明らかにした．[2.9]

次はイタリアの風力発電に関する研究であり，Luiano Pirazzi（2009）らが分析している．イタリアのインセンティブ・プログラムの主要なスキームは，再生可能エネルギーの割り当て義務と，交換可能なグリーン電力証書に基づいている．将来計画を含む，小・大規模風力発電の原型に関する産業発展の，最先端技術も考慮に入れられてきたし，イタリアとアルバニア間の商業用送電線の建設と，外国での大規模風力発電所の建設にも力が入れられてきた．[2.10]

モロッコは，風況に非常に恵まれた国であり，南部の40mの地上高では，7.5mから9.5m，北部では，9.5mから11mの平均風速があり，大西洋海岸域では，電力生産と海水から真水を作ることに期待がかかる．Mustapha Enzili（2009）の研究で，実情が明らかにされた．プロジェクトCDERは，モロッコの再生可能エネルギー（太陽光発電・熱，地熱，バイオマス）開発戦略の一部であり，エネルギー源の多様化と供給を図るものである．[2.11]

日本での，風力発電に関する社会科学からの研究は，驚くほど少ないのであるが，まず山口（2006）の研究を挙げることができる．この研究では，日本の風力発電事業が，今後飛躍的に発展するための課題について考察されている．日本の遅れは，電力の買取義務とか，その買取価格などの，社会制度に関係した問題と考えられる．風力設置にかかわる限界，制限は，基本的には，ベース・ロードについての，「原子力との競合」を起因としていると考えられる．その中で，電力会社を保護する目的で設定されたのが，RPS法であるとみることもできる．こうした状況下，風力発電の進むべき方向を展望している．[2.12] ベース・ロードについての，原子力と風力との競合という捉え方は，興味深いが，その具

体的な論拠については言及されていない．

　Ezio Sesto と Claudio Casale（1998）の研究は，10年以上前の研究で，風力発電としての風力開発に関する基本的な諸問題に触れ，当時の世界の風力発電の先端技術を紹介しているほか，風力発電市場を動かしている，様々な要因に言及している．また系統へ接続する際の利点や課題とともに，スタンド・アロン方式にも言及している．[2.13]　初期の研究の中で，スタンド・アロンつまり独立電源としての利用に関する研究は数が多く，本書の「ヨーロッパモデル」から「多元的（多様な）モデル」へという分析概念設定に示唆を受けた．具体的には，第5章と第6章で「プロサンプション風車」として考察した．

　風力発電の進展と議論の活発化は，ヨルダンの科学技術に関する世論をも喚起し，その導入に向けた機運を醸成している．S. M. Habali ら（2001）の研究は，ヨルダンにおける風力エネルギーの活用ポテンシャルに関するものであるが，kWh 当たり発電コストの見積りが行われ，いくつかの地域での，既存エネルギー源との競争を意識した，価格競争力の分析にも踏み込んでいる．[2.14]　このように，化石燃料との対抗のために，コスト分析（経営分析）を行うことは，グローバルな要請であり，本書の経営分析の背景にある課題である．

　デンマークの近代的な風力発電建設は，1890年代にさかのぼる．Niels I. Meyer（1995）の研究は，20世紀に入ってからの，デンマークの風力開発の歴史に触れ，風力発電産業が成熟するのにともない顕在化した，立地難や洋上化の問題，EU の単一電力市場との関連など，今日のデンマーク風力発電市場の理解に欠かせない論点を提示している．[2.15]

　以上が風力発電の政策に関連するサーベイであり，次に，政策を立案する段階でのプランニングに関するサーベイに移る．

2.2　プランニング（ソーシャル・アクセプタンス）

　「ソーシャル・アクセプタンス（社会的合意形成）は，風力発電所の展開と投資機会の確保にとって重要であるが，その正確な定義づけが与えられることは稀である」とするのは，Markus Geissmann（2008）の研究においてである．この研究では，スイスのソーシャル・アクセプタンスの，一般的状況を評価し，スイスの風力開発の主要な課題を，現状をベースにして定義づけ評価した．[2.16]

ソーシャル・アクセプタンスに関するもう 1 つの研究が，Rolf Wüstenhagen，ら（2007）の研究である．この研究では，スイスの Tramelan で，2006 年 2 月に開かれた国際学会での，自然エネルギーのソーシャル・アクセプタンスに関する見解を集大成し，社会・政治的，コミュニティおよび市場の需要の 3 つの局面で分析している．[2.17]

次の研究も，ソーシャル・アクセプタンスに関するものであるが，事例はオーストラリアである．Catherine Gross（2007）が明らかにしたところによれば，コミュニティの異なった成員は，異なった正義の局面によって，すなわち結果としての公正さと好ましさ，およびプロセスの公正さによって，影響を受けるというものであった．この見解に基づいて，ソーシャル・アクセプタンスの具体的提案がなされている．[2.18]

次は，ギリシャの Aegean 諸島の，2 つの島に関してである．Alexandros Dimitropoulos ら（2009）は，風力発電に対する地元民の選好に対し，福祉原理（welfare measure）なるものを導入しており興味深い．風力発電の導入に対しては，その物理的形状よりも，地域社会の福祉向上が重要であるとの結論が導かれている．[2.19]

近年，風力発電の導入に弾みがついている，フランスのプランニングに関する Alain Nadaï（2007）の研究も，中央集権的な決定方式と分権的なそれとの関係を示していて興味深い．[2.20]　本書では，地域経済力の向上を含む，広義の地域福祉の向上と，分権的意思決定を主眼としており，これら論文の主旨を共有している．風力発電の意思決定における分権の必要性については，第 4 章「ツーリズム資源としての風力発電」で言及した．

Ignacio J. Ramírez-Rosado ら（2008）の研究は，風力発電所の計画段階の中で，系統接続に必要な施設の配置に関するものであり，投資家，電力会社，政府機関，住民団体などの，異なった利害関係を調整する手段として，GIS（Geographic Information Systems）を用いた手法を提起している．また，スペインの La Rioja の風力発電所に適応した結果が示されている．[2.21]

2.3 フィージビリティ・スタディ

　構想（政策）があり，プランニングがなされると，環境アセスメントを含む，経済的・社会的実現可能性調査が重要となる．本書では，第2章と第3章で，既設の風力発電所の経営分析的な検証を行っており，その検証と地方自治体および民間による今後の制度設計のために，フィージビリティに関する研究のサーベイは，事例は外国ではあっても，不可欠である．外国の事例から学ぶことは多い．

　リビアは，石油産出国でありながら，再生可能エネルギーの開発に，大きな関心を示す国であり，非常に早い段階から，トリポリ地域に，風力開発のプロジェクトが実施されてきた．W. El-Osta ら（1995）の研究は，この初期のリビアの，風力プロジェクトの経緯を，克明に論述している．[2.22]　この研究を発展させたのが W. El-Osta と Y. Kalifa（2003）の研究で，トリポリから西へ 125km の位置にある，Zwara の 6MW の風力発電施設の，事前フィージビリティ・スタディである．結果は経済的に可能であるとの判定であった．[2.23]

　Shafiqur Rehman（2005）の研究は，サウジアラビアの風力発電導入計画に関するものであり，RETScreen ソフトウェアを用い，いくつかの海岸地域での，経済フィージビリティ・スタディを行っている．その結果，Yanbo と Dhahran の2つの地域で，建設が可能との判断が示された．[2.24]

　風力発電は，大気圏への二酸化炭素の累積による，気候変動を緩和するために推進されているのであるが，逆に気候変動から影響を受ける存在でもありうる．S.C. Pryor と R.J. Barthelmie（2010）の研究は，この点に踏み込んだものであり，北ヨーロッパでは，今世紀の末まで，氷塊の溶融など，風力資源の利用にプラスになるような兆候はあるものの，風力の利用を危険にさらすような，顕著な傾向は認められないというものだった．[2.25]

　次に挙げるのは，ハワイにおける，風力発電導入の経済フィージビリティ・スタディである．1995年に，すでに Ilio Point の近くの Moloka'i で，Global Energy Concepts（GEC）なる，フィージビリティ・スタディが行われていたが，Keith M. Stockton（2004）の研究によると，原油価格が上昇したことや，RPS 制度が導入されるなど，好条件が整ったことで，経済的に成り立つとされた．[2.26]

バーレーン（Bahrain），ベトナム（Vietnam），モザンビーク（mozambique）についても，フィージビリティ・スタディが見られる．バーレーンについては，W.E. Alnaser（1993）による研究があり，100kW 以下の小さい風力発電所とはいえ，比較的早い段階で，風力発電所の計画があったことが注目される．[2.27] ベトナムに関しては，最近の研究である，Khanh Q. Nguyen（2007）が，風況精査を行い，30万戸の電力供給のない地域へも，供給できることを立証している．また，将来の風力開発の戦略を分析し，必要な支援措置は，固定価格買取制度だとしている．[2.28] モザンビークは，木材燃料資源の大量使用による，厳しいエネルギー・環境問題に直面している．グリッド・システムは，2,000万人の国民の電力需要の10％しか満たしておらず，消費されるエネルギーの83％は，バイオマスである．B. C. Cuamba ら（2009）は，モザンビークの2,800km に及ぶ，長い海岸線の風況は非常によく，風力発電に適しているとして，モザンビークで最初のウインド・パークの建設に言及している．[2.29]

T. Geer ら（2005）は，マサチューセッツ州，Martha's Vineyard の，風力／水素生産システムのフィージビリティ・スタディを行っており，水素生産は，本書には直接関係しないが，風力発電の売電以外の応用利用に関する研究として概観した．この研究は，風力発電を利用して水素を生産する場合，3.33〜3.55$/kg，つまり0.333〜0.355$/mile のコストで生産できるという結果を得ている．[2.30]

ここにサーベイした経済・社会フィージビリティ研究は，途上国中心におけるそれであり，途上国の今後の発展の方向性を，大規模グリッド接続で，先進国型に進めるのか，それとも地域的なエネルギー自給力を高める方向で進めるのか，議論は分かれる．途上国のエネルギー支援策に関する，大きな研究課題であることを指摘しておきたい．先進国では，電力網に接続する場合に重要であるほか，離島や半島それに電力網から離れた地域の経済開発を考える場合に生きてくる．今後の自治体政策を展望する際に，生かされる課題である．日本の現状に関しては，第5章「風力発電と電力の自給」で論じた．

2.4 景観・環境

次に概観するのは，風力発電所が周辺の景観や自然環境に及ぼす影響である．風力発電所が立地する場所は，そこが，電力を生産する場所である以前に，有史以前から営々と積み上げられてきた，住民の生活の場であり，動植物の生態系とともに，地域社会のレゾン・デトルでもある．自然や，景観を含む地域社会と風力発電の共存は，風力発電の推進にとって重要な課題であるだけに，発表された論文の数も多い．本書では，第4章が，この問題と直結しており，やや詳しくサーベイした．ここでは，社会科学との接点になる論点をもつものに限定してサーベイした．

まず，Alan H. Fielding ら（2006）の研究があるが，本研究は，スコットランドの，ゴールデン・イーグルの生息と風力発電所との競合を，子育てをするイーグルと，しないイーグルを記録することで検証している．[2.31]

再生可能エネルギーの利用は，その利用によって生じる，環境への負荷を常に検証しながら，行われなければならない．Nazli Yonca Aydin ら（2010）の研究は，そのトルコ共和国における検証である．この研究の趣旨は，Usak, Aydin, Denizli, Mugla, および Burdur プロビンスでの，GISシステムを用いた，風力発電の事前アセスメントである．[2.32]

Kristina Ek（2005）による研究は，風力発電の近くに住む，スウェーデンの居住者1,000名に対するアンケート調査であり，居住者の一般的傾向は，風力発電に好意的なものであった．興味を引くのは，年齢と所得が低くなるにつれて，風力発電への支持が低くなり，環境問題への関心が高いほど風力発電への支持も大きいことである．また，いわゆる NIMBY 命題は認められなかった（注：瀬川によると，NIMBY とは Not In My Back Yard（自分の裏庭にはあって欲しくない）の略で，必要性は認めるが，自分の地域には，あってほしくないという住民感情）．[2.33]

デンマークでは，2000年に入り，風力発電所の景観への影響が顕在化し，固定価格買取制度の廃止もあって，投資環境が悪化した．Bernd Möller（2009）の研究は，GISシステムを使って，1982〜2007年までの，人口と景観と風力発電所の空間的モデルを使って，原因を究明したが，景観への影響と人口は，テクノロジーの発展と関連があるというものだった．[2.34]

次は，スペインの風力発電所の，景観への影響評価に関する，Juan Pablo Hurtado ら（2004）の研究である．スペインのビジュアル・インパクト（人間の視覚への悪影響）に関する規制は，あいまいで，地方自治体の法律があるだけである．しかも，主たる規制のターゲットは，動植物の自然環境の保全と騒音規制である．そこで，この研究では，風力発電の事前のアセスメントを有効にするための方法について言及した．[2.35] Alain Nadaï と Olivier Labussière（2009）の研究も，対象はフランスであるが，南フランスの Aveyron を事例として検証している．[2.36]

Cornelia Ohland Marcus Eichhorn（2010）は，ドイツにおける風力発電所の空間計画（景観保護）と，固定価格買取制度のための国家の適格性基準とのミスマッチを，ウエスト・サクソニーを事例に研究した．結論は，参加手続きをもってしても，ドイツの野心的な風力の開発計画は達成できないというものであった．[2.37]

イギリス（UK）では，1990 年と 1991 年の，2 度の NFFO（Non-Fossil Fuel Obligation）によって，1994 年の 9 月までに，合計 132MW の風力発電所が建設され，1995 年時点で，北アイルランド，スコットランドおよびイングランド・ウェールズで，建設計画が存在していた．問題の所在は，計画当局と地域社会の経験不足と，NFFO の構造にあった．Neil G. Douglas と Gurudeo S. Saluja（1995）の研究は，この時点での研究であり，イギリス政府と計画当局に対し，生じた課題を解決するための選択肢を提示した．[2.38]

景観対策は，風力発電所が立地する地域の世界的な課題であり，日本の研究者が鳥類と非肉食系リスに対する，風力発電の影響を調査している．Ryunosuke Kikuchi（2008）の研究結果は，①発電機のハブへの鳥類の衝突を回避できる風車の設計，②長期のモニタリングの制度化，③非肉食系野生動物の鳴き声を，かく乱する風力発電の騒音の評価，が必要だとしている．[2.39]

風力発電の建設が，ここ 10 年の間に，急速に進むにつれて，洋上風力発電への関心が高まり，その予想されるネガティブな影響から，アメリカ合衆国の，最初の洋上風力発電も，遅れをとっていた．Brian Snyder と Mark J. Kaiser（2009）の研究は，陸上風力発電と既存の発電方式とを比べた場合の，洋上風力発電の費用便益分析（the costs and benefits of offshore wind）を行っており，

興味深い．[2.40]

　Richard Cowell（2009）は，「景観に本来備わっている質（the contextually-embedded qualities of landscape）を，いかにして，国家レベルで代表させるかに関する問題が未解決だ」として，このディレンマを解消するために，ウエールズ地方議会の，風力発電に対する，空間計画の枠組みを検証している．具体的には，ある特定の景観との調和を，どのようにしたら，風力発電が認可されるか，そして，その帰結は何かを論じた．[2.41]

　Mariko OHGISHIら（2006）の研究は，滋賀県草津市の風力発電施設を対象に，ビジターと住民に分けて，風力発電に対する，景観評価特性を分析した．景観の総合的な好ましさをはじめ，多くの景観評価尺度において，ビジターの方が，住民よりも好意的な反応を示した．景観評価に対する視距離の影響は，住民よりもビジターの方が強く受けており，遠景での評価がより高い．「環境へのやさしさ」尺度による評価結果では，ビジターが特に高い評価を示した．逆に住民の場合は高くないが，住民は運転停止を日常的に見ているので，「発電効果」では否定的な評価をした．[2.42]　この研究は，本書の第4章「ツーリズム資源としての自治体風力発電」の趣旨と一致しており参考になる．

　財団法人社会経済生産性本部の調査報告書（2004）では，今後，新エネルギーの導入をさらに促進するには，新エネルギー施設のレジャー・観光資源化が必要であるとしている．新エネルギー関連の施設が作られれば，そこに景観上の変化が生まれ，それが観光資源化することがある．東京タワーは，施設としては単なるテレビ塔に過ぎないが，わが国のシンボリックな観光施設となっている．風力発電における風車は，景観的にも優れており，有力な観光資源として期待がかかるとして，前掲研究とともに，価値観を共有する研究である．[2.43]

　以上サーベイした結果，風力発電のフィージビリティ・スタディは，風力発電が，場合によって周辺自然環境や地域社会に，ネガティブな影響を与える場合に，いかにそれを緩和するかという視点が強い．論文番号［2.42］と［2.43］は，これに対して，ポジティブな評価尺度で分析している．本書では，このような先行研究の成果の上に立って，風力発電を地域社会の存続と発展のための，重要な資源の1つと位置づけ，分析を深めた．ツーリズム資源としては第4章，地域経済の必要とする電源としては第5章が，この課題にこたえたものである．

3. 風力発電の経済・経営分析（マーケティング，O&M，電力市場）

　風力発電を含む太陽光，バイオマスなどの地域分散型再生可能エネルギーは，古来より人類によって広汎に利用されてきたのであるが，産業革命以降の，産業主義時代の集中型エネルギー源として，その社会経済構造に深く根をおろしてきた．化石燃料の価格体系に比較すると，競争上の不利を克服しながら，導入促進を図らなければならないという宿命を持つ．経済・経営分析が重要なゆえんである．

　しかし，風力発電の経済学的分析に関しては，検索したデータベースが理工系であるので，検索にヒットする数が少ない．また，社会科学系データベースでもしかりである．しかしながら，ewec と wwec の研究発表には，最近，経済学的な分析が数多くみられるようになった．以下，風力発電の経済学的研究を概観していく．ここまでは，風力発電の周辺領域に関する研究であったが，以下は，本書に直接関係してくる研究分野であり，関連性はサーベイの中で言及する．

3.1　経済分析

　まず，Murat Gökçek と Mustafa Serdar Gen（2009）は，上にサーベイした（[2.32]），トルコ共和国の風力発電導入計画に関して，経済学的な分析を行っている．結果は，150kW の風力発電（WECS：wind energy conversion systems）で，Case-A（Pinarbasi）の場合，年間 12 万 978kWh を発電でき，平均電力コスト（levelised cost of electricity（LCOE））が，0.29〜30.0 ドル /kWh の範囲になるというものであった．[3.1]

　Robert Y. Redlinger ら（2002）は，『21 世紀の風力発電』の中で，経済分析の結果を集大成している．風力発電のさらなる発展のためには，政策立案者と市場関係者は，風力発電を取り巻く，複雑な相互関係を理解しなければならず，それらは，技術や経済のみならず，政策，金融，競争，環境面にまで及ぶ．同書では，風力発電市場の経済学的分析が，デンマーク，アメリカを中心に行われており，マクロ経済へのアプローチとして優れている．[3.2]

　次の研究報告は，ヨーロッパ風力エネルギー協会自身による成果であり，

2009年，マルセイユ大会で披露された．再生可能エネルギーを使う，ヨーロッパでの潜在能力の拡大は，エネルギー供給の安全確保，燃料の輸入の削減とエネルギー確保の自立，温室効果ガスの排出の削減と環境改善に貢献し，資源の浪費による経済成長を抑え，雇用を創出し，知識集約型の社会に向けての努力を強固なものにする．風力発電の経済を支配する主な要因は，風力発電機，基礎およびグリッド接続を含む建設費用，オペレーションとメンテナンス費用，電力生産／平均風速，発電機の耐用年数，割引率などである．これらのうちで最も重要なのが，電力生産能力と建設費用である．電力生産が風況に依存する程度は大きいので，適切な建設位置を選択することが，経済性を確保するうえで，決定的に重要である．[3.3]

前の項のフィージビリティ・スタディのところでも概観したが，風力による水素生産に関する経済分析が，Mónica Aguadoら（2009）によって行われている．この論文は，風力発電による水素の生産・貯蔵と交通手段への供給である．[3.4]　次のJ. I. Levene（2005）による研究も水素生産であり，風力発電機と水素生産装置（エレクトロライザー）を結合することによって，低コストで環境にやさしい，電力と水素を供給することが可能である．風力発電から作られる水素の価格は，合衆国エネルギー省（DOE）の，水素分析モデル（H2A）によって計算できるが，それは，技術の違いを超えて，首尾一貫した分析結果を導き出す，標準的なDOEの分析方法論とパラメーターを使用する，割引キャッシュフロー分析手段（a discounted cash flow analysis tool）である．その分析結果が示すところによれば，風力—水素システムによって，1日に生産される5万kgの水素の価格は，短期的には，水素1kg当たり5.69ドルから，長期的には2.12ドルの範囲である．[3.5]

Douglas G. Tiffany（2005）の研究は，風力発電で発電された電力と，様々な種類のバイオ・ディーゼル発電で発電された電力の評価の，経済学的なフィージビリティを決定することを企図している．投資金額と収入，および運営経費を増大させる発電機を1つ増やすと，風力発電機で発電した電力の，経済的な価値を高めるかどうかを評価するために，1つの投資モデルを開発した．この投資モデルは，様々な風況の特徴と，収入の代替性を持つサイトでの，この種の疑問に答えるために使うことのできる，ツールを提供している．[3.6]

送電ネットワークへの風力発電の導入の増大は，システムのエネルギー・バランスと調整能力の作業に変更を迫る．Juha Kiviluoma（2006）の研究は，ノルデック・システムには，変動し，部分的に予測不可能な，風の性質を補てんするために使うことのできる，大規模な水力発電があり，風力発電を調整するのは，フィンランドの水力の優位なシステムの問題ではなく，調整以前に，他の問題が生じる可能性があるとする．[3.7]

風力エネルギーの，個々のグリッドへの浸透が大きくなるにつれて，風力エネルギーを，既存の発電方式とみなすような状況になり，かくして，ウインド・ファームの電力生産を予測する必要が大きくなった．歴史的には，可能な予測方法を検討する，多くの研究が蓄積されてきた．しかしながら，予測の潜在的価値を研究したものは限られていた．Jereny Parkes ら（2006）の研究では，イギリスとスペインのポートフォーリオと，個別ウインド・ファームの両者のために，予測することの潜在的な財務的価値を，数量化することを狙いとした．[3.8]

ガラド・ハサンとパートナーは，稼働中のウインド・ファームが，どのようにして，稼働率を形成したかを研究してきた．Keir Harman（2008）の論文では，主要な結果のいくつかの概要を述べる．調査は，過去10年間に稼働中で，全世界の導入済みの風力発電のおよそ15%に相当する，1万4,000 MWのウインド・ファームのパフォーマンスを評価した，ガラド・ハサンの経験を用いている．この論文で議論され，用いられた稼働率データの定義は，「システム稼働率（System Availability）」で，電気接続システムと，グリッドに関連した停止時間を含む．この稼働率の測定によると，「タービンの稼働率」のみの場合と比べると，常に低い結果になることが示される．ウインド・ファームが，耐用年数に近づくに従って，どのようなパフォーマンスになるかも洞察される．[3.9]

次の論文は，Irene Allcroft（2009）による，国際洋上風力発電の市場分析である．ダグラス・ウエストウッド・リミッテッド社は，現在行っている産業分析と，最近公刊された，世界中の洋上風力発電所をカバーする，ワールド・シリーズ・レポートに基づいて，いくつかの地理的地域での，政策や傾向に対して，洋上風力発電の現況と将来がどうなるか，また，それが投資に及ぼす影響を検討した．グローバルなレベルでの，市場情報予測も提示しており，予測情報は，2009 ～ 2013年の期間に，展開が予想されるプロジェクトの，ボトムアップ方式での

見通しである．[3.10]

　E. Martínezら（2008）は，彼らの論文でいう「商用風力発電の経済的振る舞いに影響する支配的経済パラメーター」を分析する．この研究では，経済分析はDFIG（doubly fed induction generator）発電機に関して行われた．使用した方法論は，採用されたオプションの特殊な性格に従って，単にアルゴリズムを拡大するだけで，他のテクノロジーにも応用可能であるとされる．[3.11]

　ブラジルに関しては，Johannes M. KisselとStefan C.W. Krauter（2006）が，経済学的分析を行っている．この論文は，ドイツとブラジルの風力発電の育成策の違いを概観するものであるが，とくに，なぜ1,100MWの風力発電を導入するPROINFA計画が，高いインフレ率と利子率を持つブラジルの，不安定なマクロ経済の中で，採用可能であるのかに，焦点を当てて論述した．[3.12]

　風力発電の経済学的分析は多様であり，John P. Dismukesら（2009）の研究は，超長期にわたる技術革新と，風力発電の普及に関する，産業のライフサイクルを分析し[3.13]，またC. HirouxとM. Saguan（2009）は，ヨーロッパの風力発電に関して，固定価格買い取り制度の復元と，風力発電事業者と，システム・オペレーターの責任の分担が必要なことを検証した．[3.14]　また，Joseph F. DeCarolisとDavid W. Keith（2006）の研究は，風力発電の導入による二酸化炭素の削減と，電力価格の若干の上昇の関係を，彼らのいうグリーン・フィールド分析（The greenfield analysis）によって検証した．[3.15]

　このように，国と地域によって，また，抱える課題の違いによって，経済分析の多様な手法があることは興味深い．

　M.H. AlbadiとE.F. El-Saadany（2009）の研究は，オンタリオ州の風力発電所をケース・スタディに，租税政策と風力発電の支援策の役割を検証しており，租税政策に関する研究が稀有であるだけに注目される．[3.16]　Rodolfo Dufo-Lópezら（2009）の研究は，系統接続で余剰電力を水素生産に変換する，風力と太陽光のハイブリッド・システムに関する経済分析で，NPV（the net present value：純現在価値）分析を行っている．[3.17]

　M.H. Albadiら（2009）は，オマーン（Oman）地域のDuqmの風力プロジェクトについて，「技術経済評価（a techno-economic evaluation）」を行っている．電力価格は0.05ドルと0.08ドル/kWhの範囲内で，これは既存の発電電

力よりも高いという．論文では，風力発電への固定価格買い取り制度と，建設投資税額控除制度が必要だとしている．[3.18]　ここで，「技術経済評価」と呼ばれているものは，techno-economic analysis とも呼ばれ，欧米の研究では一般的に普及している分析概念である．本書での方法論にもなっており，第2章，第3章で，自治体風力発電の特別会計と，利用できる限りでのキャッシュ・フロー・データを用いた，「技術経済分析」を行った．

　日本の研究者では，山口歩（2002）の研究が目を引く．本研究は，生産と配備の両面において，世界の先端にあるデンマークの風力発電技術を対象として，その発電コストの実相，推移等が分析されている．その中で，特に論者は，「経済性」の向上に対する，各種の助成の寄与を明確化し，そうした助成を除いた，技術独自のコストを確定した．日本における風力発電のコスト高は，主に土木建設費，系統連系費の高さに規定されたものだといわれており，論者は，その建設にかかわるコストは，長期的視野の中で解釈されること，系統連系線等は将来の社会的，福利的インフラとして機能することを強調し，両項目への国の経済的支援が必要であることを示した．[3.19]

　中国にも経済分析（産業構造）の研究があり，Fang Min ら（2009）の研究は，興味深い．グリッド非接続の産業用風力発電は，著者らのいう「非系統接続風力発電理論」に従って，風況に恵まれた地域で，建設されるべきであり，そのシステムは，R&D，風力発電装置のアクセサリーの製造，ファンの組み立て，電気制御システム，および他の産業を含む．この論文では，第一に「非系統接続風力発電理論」が形作られ，成長し，成熟するプロセスを説明し，ついで大規模な非接続風力発電産業システムの一般理論と原理を確立する．第三に，先導する非系統接続風力発電産業の構造分析を行い，それに基づいて，中国の大規模非系統接続風力発電産業の地図を描くというものである．[3.20]　この研究の独創性は，中国の成長を担う産業複合体を，独立電源で賄おうとするところにあり，本書で筆者が主張する「プロサンプション風車」の中国バージョンといえる．本書と密接不可分の関係にある研究である．

　中国では風力発電産業が急成長しているが，欧米との R&D 格差を認識しなければならないとするのは，Zhen Yu Zhao ら（2009）の研究である．この研究で，著者らは地方産業に重要な影響を与える要因のモデル化を試み（dynamic

Diamond Model），分析結果を，強力な風力産業の育成に応用すべきだとしている．[3.21]

「アメリカ合衆国の風力発電の歴史は，失敗と成功の苦渋に満ちたそれであった」とするのは，Robert Lynette（1988）の研究である．しかしながら，既存の発電方式に代わる，経済的に優位な発電であり続け，その成長の軌跡を学ぶことは，追随する国々のために必要なことであるとしている．[3.22]

風力を用いた海水の淡水化は，風力発電のもっとも確実な方法の1つであり，地中海に浮かぶ島々で試みられている．Mariano Méndez（2009）の研究は，気象条件，風力発電の正味の出力，海水の塩分濃度，風車の稼動状態などの，主要なパラメーターが，真水の平均コストに及ぼす影響を考察している．得られた結果は，検証されたパラメーターの影響を数量化し，この技術の経済的な見通しを評価するのに有効であるとする．[3.23] 海水の淡水化に関する研究は，専門学術誌（*Desalination*）もあり，非常に数が多い．筆者はwwecのJeju島大会（2009）でこの問題に言及したが，日本には，まだ，なじまない領域であるので，本書には収録しなかった．

Achin Woyte（2008）の研究は，ヨーロッパのウインド・トレード（WIND TRADE）プロジェクトの範囲内で，風力発電を，ヨーロッパ電力市場に統合することに関して，実施され，計画された事業について述べたものである．TRADE WINDの電力市場のモデル化と，シミュレーションの詳細な目的は，異なった市場のデザインと統合のステージにとって，風力発電の高い滲入を持つ，電力市場の有効性を述べるものである．この論文では，電力市場のいくつかのルールと，大きな風力発電を持つ電力マーケットのモデル化のための，能力配分のメカニズムが提案された．[3.24]

グリッドの中での風力発電の割合の予測が，電力の価格と配分の両方に影響を与えることが，従来から指摘されてきた．したがって，電力価格予測モデルが提案されるときに，これらの影響を説明する必要があることは，当然である．Tryggvi Jónssn（2009）の論文では，ノッド・プールズ・DK1地域における，電力スポット価格を予測できる方法論を，規制価格と方向性のためのモデルとともに，導入し分析する．[3.25]

グリッド接続は，風力発電事業者をして，発電所建設をためらわせる，大きな

阻害要因である．本書では，第5章と第6章で「プロサンプション風車」の概念確立を行った後に，独立電源としての風力発電，ないしは，複合電源による，セミ・オートノマス・システムの，経済学的意義に関して言及した．

次に，O&M（オペレーション＆メンテナンス）に関するいくつかの研究を概観する．O&Mに関する研究は，風力発電の経営分析にとっては，必要不可欠なサーベイ項目である．洋上風力発電の設計やテクノロジーに関するO&Mの分析として，H. J. Krokoszinski (2003) の研究を，挙げることができる．この研究では，ウインド・ファームのプロセスとTotalOEE（Total Overall Equipment Effectiveness）なるツールが導入され，洋上風力発電の経済性が分析されている．[3.26]

George Marsh (2007) の研究も，洋上風力発電所建設の初期段階でのO&M分析であるが，本研究には，洋上風力発電のパイオニアであるベスタス (Vestas) 社の経験が述べられている．[3.27]

Peter Cassidy と Lisa Scott (2002) の研究は，洋上風力発電初期の，同じくO&Mに関する，法律家としての見解である．[3.28]

2000年に，ECN社は，洋上風力発電所のO&M費用を究極的に低減させることを狙いとした，長期の研究開発（R&D）をはじめた．この研究開発の一部は，ウインド・ファームの計画段階で，O&M局面を数量化し，最適化するモデルの開発に焦点を当てている．開発されたソフトウェアは，洋上風力発電所のデベロッパーが，年平均O&M費用を見積もることができるものだった．L.W.M.M. Rademakersら (2008) のこの論文では，まずECN社のO&Mツールについて述べ，ついでソフトウェアの検証の結果と有効性，欠点と利点を含む説明を行う．最後に，より一般的な方法で，プロジェクトの発展と認証段階での，O&M費用の見積もり方法を議論した．[3.29] 日本では，例えば，千葉県神栖市のような，一般住宅地での風力発電の立地を制限された地域では，洋上に出るしかないといわれる．本書では，北海道せたな町の洋上風力発電所とデンマークのMiddlegrunden洋上風力発電所を取り上げた関係で，洋上風力発電所のサーベイを行った．

Albers (2009) の研究は，Deutsche WindGaurd社は，修繕および維持コスト（ここではO&Mコストという）の増加と，使用タービンの，年齢による

停止時間を予測する，簡単なアプローチを開発してきたが，様々な機種のタービンからなる，ウインド・ファームからのデータに基づき，検討を行ってきた．高年齢機の発電機の場合，しばしばO&Mが過小評価されているし，タービンの稼働率も楽観的に見積もられている．これは，高年齢機のスペア部品が限られているため，長期の停止を余儀なくされているためであるとする．[3.30]

　以上が，経済経営分析の概要であり，風力発電の経済的価値を高め，またオートノマス電源を構成する際の経済的条件を明らかにするものではあるが，風力発電の現実の操業にかかわる発電，売電収入，O&Mコスト，保険料，人件費等の財務データによって，風力発電所のパフォーマンスの経済分析に迫る研究は見当たらない．本書では，第2章「自治体所有の大型風力発電所の経営状態」，第3章「日本の再生可能エネルギー促進策と風力発電の動向」で，実際の財務データを利用した（部分的に推計計算）経営分析を展開した．

3.2　財務（ファイナンス）分析

　次に，広くは経済分析，ジャンルとしては，経営分析の範疇にはいる財務分析・金融工学（ファイナンス）についての研究を概観する．この分野は，本書の各章で設定した風力発電の課題とは，直接的な関連はないものの，財務分析を行う際に見極めなければならない，最も関係が密接な分野である．プロジェクト・ファイナンスに依存する，民間デベロッパーの風力開発にとって，必須の研究課題であるが，本書で展開した自治体系（自治体直営・第3セクターなど自治体の関与がある風力発電）風力発電所においても，本質は同じである．第2章と第3章がこの分野と間接的な関連を持つ．

　Marthias Hermannら（2007）の研究は，民間銀行と投資家のために，大規模風力発電プロジェクトの技術的分析をした経験から，多様なポートフォリオ*のための，「ポートフォリオ効果」を計算する可能性が生じた．この研究は，ウインド・ファームのポートフォリオにとって，風況データ，計算モデルなどの，あらゆる不確実要因が分析されて，数量化されねばならないとする．同様のモデルは，太陽光，バイオマス，小水力などの，他の再生可能エネルギー源についても，応用可能である．再生可能エネルギーのポートフォリオを，メンテナンスと修繕費用の不確実性と結合させることによって，利益（「ポート

フォーリオ効果」) を得ることができる．[3.31]

　風力発電のデベロッパーは，金融機関や他の投資家から融資を受けなければならない．その際，計画されたキャッシュ・フローは，発電量と kWh 当たり電力価格によって決定される．前者の電力生産は，正味の風速の変化に起因する，大きな年間の変動を経験する．後者の売電価格も，外部の環境によって，移ろいやすいが，部外者としてふるまう電力会社との長期契約によって，緩和することができる．J.P. Coelingh (2007) の研究は，デリバティブは，よりよい金融条件を得るために，キャッシュ・フローの上に起きる変動を制限することによって，金融リスクを減じる金融上の道具であり，風力デリバティブは，少なくとも 20 年間の独自の測定からなる，風速の気象学に基づくことに言及した．[3.32]

　　＊ここで，金融用語としての，ポートフォーリオという言葉の意味について，簡単に触れておく．ポートフォリオとは，国債のように，リスクは低いがリターンも低い金融商品と，株式のように，リスクは高いがリターンも高い金融商品，また，不動産投資とを複数組み合わせて運用することによって，資産運用全体として，リスクとリターンのバランスの両立を目指す手法のこと．ポートフォーリオは，もともと，書類入れのことで，お金を複数の資産に分散するという意味．風力発電への投資は，一般的に気象変動や故障，買い取り価格の変動によって，リスクが高いといわれる．しかし，気象変動に影響されにくい，他の再生可能エネルギーとの組み合わせや，事故保険，利益保険による収益の安定化によって，リスクの分散を図ることができる．

　どのような発電資産であっても，そのプロジェクト・ファイナンスに関しては，建設と稼働期間中であって，融資期間終了以前に，適切に緩和されなければならない，数多くのリスクがある．Simon Luby (2008) のプロジェクト・ファイナンスに関する研究である．いくつかの陸上風力ポートフォリオと，海洋エネルギー装置を含む，Q7 プロジェクト，ソートン銀行とタネットの風力発電プロジェクトの，技術的に精緻な計画に携わってきた中で，著者が到達した主要な結論は，技術リスクを含む参加者の能力と知識が，その他の個別の問題にもまして，融資者と投資家の自信に影響を与えるということであった．[3.33]

　Philipe Raybaud ら (2009) の研究は，風力発電に対し，多くの異なった方法で投資される，プライベートなイクイティ・ファンドに関してである．具体的には，①ベンチャー・キャピタルの投資 (通常は成功の見込みのあるテクノロ

ジー），②増資への投資（後の会社設立，例えばプロジェクト開発会社，タービン製造業者），③バイアウト（会社買収）による会社の株式所有の変更，④インフラへの投資（新しいウインド・ファームへの投資），⑤PIPES/OTC投資である．[3.34] Philipe Raybaud（2009）の単独研究も，同じくプライベートなイクイティに関するもので，プライベートなイクイティは，最も広い意味で，投資家が自分のお金を専門家に委託し，そしてその専門家が，そのお金を，事前に定義づけされた，一定の投資基準に従って，投資できるようにすることである．この論文では，風力発電に融資をする（資産投資）際の，投資基金の役割に焦点を当てた．[3.35]

　以下，ファイナンスに関する初期の研究をいくつか概観する．まず，本書の第2章と第3章でも活用した，キャッシュ・フロー分析である．Ryan H. Wiser（1997）の研究は，再生可能エネルギー，とりわけ風力発電のコストに影響を及ぼす，異なった所有形態や金融構造を検証したものである．[3.36] また，風力発電のリース方式が有利であるとの，Jonathan H. Johns（1999）の研究も興味を引く．本研究は途上国の風力発電に対して，パン－ヨーロッパ・リース会社（a pan-European leasing company）活用の可能性について議論した．[3.37]

　スペインとイギリスという，2つの異なった投資環境を持つ国の，風力発電に関する財務分析を行ったのが，A. Hernandez-Aramburoら（2007）の研究である．分析結果は，両者の純収入（3か月の短期）は，類似しているにもかかわらず，再生可能エネルギーに対する誘因と，電力収入には相違がみられるというものであった．[3.38]

4．風力発電と地域経済（ツーリズム・景観）

　文献サーベイの最後は，風力発電と地域経済社会に関するものである．風力発電と地域（経済・社会，地方自治，地域開発，自然環境）という課題設定は，本書で，最も注意した領域であり，第2～第6章までの，基本テーマである．また第7章で，今後の風力発電所建設における，地方自治体の役割に言及する際の，最も密接に関連した領域であり，丹念にサーベイした．収録したのは，地域経

済，コミュニティ，ツーリズム，景観に関する研究である．風力発電と地方税財政システムに関する研究は，1つ，2つの研究を除いて，ほとんど見当たらない．本書では，まさに，その空白の部分を埋めることを意図して，研究をすすめた．

　コミュニティ・ウインドは，地域の利益を意図的に最適化するように求められている，風力発電の発展の1つの方法である．Jessika A. Shoemakerら（2006）の研究の目的は，グリッド上でエネルギーを相殺する，地域的に所有される，風力開発のプロジェクトを含むものである．地域的な所有のプロジェクトになるために，地域社会の成員は，風力発電がもたらす，単なる地方税収や賃貸料を超えた，直接的金融的利害関係を持たなければならない．例えば，コミュニティ・ウインド・プロジェクトは，複数のタービンを購入し，膨大な投資を供給するために，何人かの地方地主を束ねることができる．または，地方の学校区単位で購入したり，学校の建物の背後からタービンを操作することができるとした．[4.1]

　Mark BolingerとRyan Wiser（2006）の研究は，合衆国における，農民（コミュニティ）所有風力発電所に関するもので，講じられている導入促進策の意義と限界を明確にし，更なる導入のための諸条件を，オレゴン州での事例を引きながら考察している．[4.2]

　Yves Gagnon P. Engら（2008）による報告書は，ニュー・ブラウンズウイック・プロビンスのコミュニティ・ウインド・エネルギー計画のための，一連の提言を行うものである．ニュー・ブラウンズウイック・プロビンスは，風力発電を，電力証書のために，実行可能で確実な再生可能エネルギーとして用いている．特筆すべきは，本プロビンスは100kWまでの発電に対して，個人の再生可能エネルギーで，ネット・メータリング・システムを採用している．一方，再生可能エネルギーでの発電を，2MWまで認め，他方で20MWまで認めたケースもあり，本プロビンスでは大きな発電ギャップがある．[4.3]

　Menniti Dら（2009）の論文は，イタリアのクレタ（CRETA）・コンソーシアムと，フォルトール・エネルギー社が，共同提案した，新しい「地域開発モデル」を取り扱う．この新しいモデルは，領域での再生可能エネルギー源の開発に基礎をおく，いくつかのプロジェクトと，既存の活動によって影響を受けている．すなわち，個々の活動は，持続可能な発展に貢献するように，自然資源の開発によって得られる収益の衡平な部分を，領域に注ぎこむのである．この公平な

分け前は，例えば，小さな村の歴史的な街並みの，壊れかけて使われなくなった家や，ホテルの部屋を改築することに使うべきというものである．この論文では，開発モデルに影響を与えた活動と，達成可能な結果を紹介する．[4.4]

　Branko Blazevic（2009）は，地域での持続可能な発展の概念と，再生可能エネルギーの使用は，環境（eco）哲学に基づく，ツーリズムを組織する前提であるという，基本的な仮説に焦点を当てる．ツーリズム地域において，水力，風力，地熱，太陽光，バイオマスなどの，再生可能エネルギーを根付かせることは，ツーリズム研究の基本的なフレーム・ワークである．この論文の目的は，伝統的なエネルギー源（化石燃料）を，再生可能エネルギーで代替する実際の機会と，経済学的，環境的および社会学的な観点から，地域の発展における，再生可能エネルギーの役割を示すことである．また再生可能エネルギーは，地域社会で重要な存在であるので，地域の雇用に貢献することにも注意を払っている．[4.5]

　再生可能エネルギーと，ツーリズム（エコツアー）の関連に焦点を当てた研究やレポートの事例は多い．ここでは，そのうちの1つの研究に絞ったが，一言で再生可能エネルギーといっても，そのテクノロジーの違いによって，ツーリズムの在り方は異なる．本書では，風力発電所立地地域において，ツーリストにアンケート調査を実施し，かつ風車に対する感性評価を試みるかたちで，研究を進めた．

　Arthur Jobertら（2007）の研究は，フランスとドイツにおける風力発電の成功の要因の分析を，地域社会への利益の還元の仕組みから分析した．地域への利益は，経済的誘因，地域経済，地域のアクター，制度的要因などに関連している．[4.6]

　Mark A. Bolinger（2005）の研究も，近年，ヨーロッパのコミュニティ・ウインドに触発されて，合衆国で増加してきた，コミュニティ所有風力発電に関する研究である．この研究は，ウィスコンシン，アイオワ，ミネソタ，マサチューセッツの事例をもとに，導入促進の諸条件を考察している．[4.7]

　Tanja Michler-Cieluchら（2008）の研究は，風力発電所と養殖に関する興味深いものである．この研究は，ドイツ沖の北海に計画する風力発電所側と漁業者へのインタビュー調査をもとに，巻貝の生産に関する両社共存の方向性を模索している．[4.8]

R. Calero と J.A. Carta（2004）の研究は，カナリア諸島の風力発電を中心とした，再生可能エネルギーの開発計画を，地域経済の活性化などの視点から検証したものである．具体的には，1987 年に立案されたアクション・プラン（CE2000 Action Plan：スペイン語表示で，CANARIAS E OLICA 2000）は，同様の資源と必要性を持つ地域のモデルになるとしている．[4.9]

　JAMIL KHAN（2003）の研究は，スウェーデンの 3 つの地域の風力発電所の立地，所有，市民参加の実態と相互の関係を検証した，興味深い研究である．著者は，この研究で，地方自治体の計画能力を支持し，強化する必要があるとし，国および地方行政レベルで，そのような方向性で努力されているという結論へ導いている．[4.10]

　Janneke Wijnia-Lemstra,（2009）の研究によれば，Natura では，陸上や水路の近くに，80 〜 100 の風力発電所の建設計画がある．それらは，国，県，市町村の計画であるので，数多くの環境規制を考慮に入れなければならない．その中には，「鳥類生息指令（BIRD & HABITAT DERECTIVE）」や Natura 2000 指令のような規制もある．調査結果によると，Natura 2000 のような地域では，風力発電所を建設することは可能だが，今後も引き続き環境調査を継続することが必要である．[4.11]

　このように風力発電所と，立地地域のツーリズムや地域産業，真水の生産などとの関連を扱う論文は，ごく限られた社会学的研究の中でも，枚挙にいとまがない，興味ある研究分野である．繰り返しになるが，本書における，風力発電所とツーリズム（第 4 章），地域産業への電力の供給（第 5 章），静岡県下の風力発電（第 6 章）に関する研究も，そのようなカテゴリーに入る研究である．

　しかし，本書にあっては，「プロサンプション」概念を駆使して，より積極的に，風力発電と他のエネルギー源との組み合わせで，その更なる導入が，電力生産を越えて，地域経済社会の構造自体を変化させる可能性を秘めていることを，描き出すことに努めた．この方向性において，従来の風力発電の社会科学的研究は不十分であった．

　経済は，目に見えて，統計や経済計算で把握され，実際に経済政策に立案可能な市場経済とは区別された，いわば，目に見えない（地下経済を意味しない）が，個人や地域集団（地方自治やボランティア組織）によって営まれる，生産と消費

が結合した，強力な経済組織つまりプロサンプション経済を持っている．封建制社会の自給自足経済（チューネンの孤立国）のことではなく，現代の革新技術に立脚した，高度なプロサンプション経済の復活・復元である．本書は，エネルギー経済，とりわけ風力発電における電力生産にこの概念を適用した初めての研究であり，その成否を公に問うものである．この点については，各章で順を追って検証し，最後に結論の第7章で体系化を試みた．

あ と が き

　日本で大型の風力発電が難しいならば，小型風力発電でニッチを狙う経営戦略もあるように思う．筆者は平成22年度研究で，小型風力・太陽光ハイブリッド発電のけん引役を果たしているWinpro社（本社新潟市）をインタビューした．対応してくれた亀井隆平専務取締役はまず，大型風力発電機の低周波，騒音など大型風力発電の限界を指摘する．同社は平成15年に100%風力発電の会社を立ち上げ，試行錯誤を繰り返し，平成20年から本格販売開始した．off-grid型で街路灯中心の商品構成（行政，CSR，教育，看板が中心）で8～9割が海外販売である．フランスのビジー・セント・ジョージュ市から街路灯として数千台のオーダーがある．中国の天津，青島（チンタオ），西安で数万台，上海では部品を作っているという．中国は100%国内会社出資なので，タイアップという形の進出のようだ．

　日本では屋上設置が有望だが，未来につながるいろいろな試みをやっているので専務の話も明るく弾む．成長企業はいつもすがすがしい．アフリカではジェネレーター，カンボジアでは輸血用血液の冷蔵庫，照明用電源（2kWh）として期待がかかる．モザンビークでは教育が3交代制なので，夜も授業があり，そこでの夜の照明用電源が必要だ．また，携帯用電波の届かない地域の電波塔電源も有望だ．これにはジーゼル発電を使っていたが，風力による代替電源は，コスト高に対応するものだ．電波塔電源のためにわざわざ電線を引くのは経済的でないから需要は大きいと考えられる．そのほか垂直軸を1MWとすることも夢ではないようだ．フランス，ブラジルへは日本から輸出するが，40ヤードのトラック専用コンテナで運ぶので大型風力発電機のように苦労しないですむ．羽に使う素材はもともとロシアの軍隊が使っていたものだが改良し特許を取った．軽さ，強度耐久性で優れていると言う．話を聞いて本書で展開したプロサンプション風車がビジネスとして有効であるとの確信をもった．取材に応じて下さったことに，ここで謝辞を表す．

　本書は，風力発電に関する専門的研究である．高度な専門性ゆえ，一般の商

業出版には不向きであり，このたび筆者が所属する東海学園大学の「出版助成規程」に基づく平成23年度出版助成を利用させていただいた．記して感謝する次第である．

　本書では初出論文の一覧を示していない．論文の提出先の投稿規定によって和暦と西暦が混在しており統一を欠いている点，ご容赦願いたい．

2011年5月

著　者

参考文献・論文

1 再生可能エネルギーと風力発電

[1.1] 清水幸丸 (2004),『風の力で町おこし・村おこし 風力発電入門 (改訂版)』パワー社, pp.1-137

[1.2] 牛山泉 (1997)『さわやかエネルギー』三省堂, pp.1-290

[1.3] 飯田哲也 (2000),『北欧のエネルギーデモクラシー』新評論, pp.1-262

[1.4] フォーラム平和・人権・環境編 (2005)『2050年自然エネルギー100%』時潮社, pp.1-278

[1.5] 新妻弘明 (2006),「再生可能エネルギー利用の現状と課題~持続可能な社会への転換に向けて~」『みやぎ政策の風』第5号

[1.6] 木村啓二 (2006),「日本の再生可能エネルギー・ポートフォリオ基準の初期評価」『立命館国際研究』19-2, pp.169-184

[1.7] 木村啓二 (2007),「再生可能エネルギー・ポートフォリオ基準の制度理論とその制度設計課題」『立命館国際研究』20-2, pp.135-154

[1.8] Jean-Marie Chevalier (2004), *Les grand es btailles de l'energie*, Galimard ジャン-マリー・シュバリエ (2007), 増田達夫監訳 林昌宏翻訳『世界エネルギー市場』作品社, pp.1-411

[1.9] Amory B. Lovins, L. Hunter Lovins (1982), "Electric utilities: Key to capitalizing the energy transition," *Technological Forecasting and Social Change*, Volume 22, Issue 2, pp.153-166

[1.10] Masataka Murahara (2009), "MARINE RESOURCES RECOVERY AND OFFSHORE INTEGRATED PLANT BY WIND ENERGY AND SEAWATER," *wwec2009*

[1.11] 村原正隆, 関和市 (2007),『"風力よ"エタノール化からトウモロコシを救え』パワー社, pp.1-178

[1.12] 和田武 (2008),『飛躍するドイツの再生可能エネルギー』世界思想社, pp.1-206

[1.13] Paul Gipe (1991), "Wind energy comes of age California and Denmark," *Energy Policy*, Volume 19, Issue 8, pp.756-767

[1.14] Griffin Thompson, Judy Laufman (1996), "Civility and village power: renewable energy and playground politics," *Energy for Sustainable Development*, Volume 3, Issue 2, July 1996, pp.29-33

[1.15] Branko Blazevic (2009), "The Role of Renewable Energy Sources in Regional

Tourism Dvelopment," *Tourism and Hospitality Management*, Vol.15, 1, pp.25-36

[1.16] Lucy Butler and Karsten Neuhoff (2004), "Comparison of Feed in Tariff, Quota and Auction," Cambridge Working Papers in Economics CWPE 0503, UNIVERSITY OF CAMBRIDGE, Department of Applied Economics, Mechanisms to Support Wind Power Development, December21st

[1.17] 中村太和著（2001）『自然エネルギー戦略"エネルギー自給圏"の形成と市民自治』自治体研究社，pp.1-188

[1.18] 飯田哲也編（2005）『自然エネルギー市場　新しいエネルギー社会のすがた』築地書館，pp.1-327

[1.19] Smsø Energy Academy (2007), *Samsø a Renewable Energy-Island*, PlanEnergy and Samsø Energy Academy

[1.20] Alvin Toffler (1981), *The Third Wave*, Pan Books Ltd, pp.1-543

A. トフラー（1982）徳岡孝夫監訳『第三の波』中公文庫，pp.1-588

[1.21] Rester R. Brown (2001), *ECO-ECONOMY Building an Economy for the Earth*, W. W. NORTON & COMPANY, NEW YORK LONDON, pp.1-333

2 風力発電の政策

[2.1] 松岡憲司（2004）『風力発電機とデンマーク・モデル』新評論，pp.1-188

[2.2] Joseph Szarka (2007), *Wind Power in Europe*, pargrave, pp.1-228

[2.3] Peter A. Strachan, David Toke and David Lai (2010), *Wind Power and Power Politics International Perspectives*, Routledge, New York & London, pp.1-212

[2.4] Hikaru Matsumiya and Izumi Ushiyama (2000), "Wind Energy Activities in Japan," *World Renewable Energy Congress VI* Renewables: The Energy for the 21st Century World Renewable Energy Congress VI 1-7 July 2000 Brighton, UK, 2000, pp.1189-1194

[2.5] Urs Steiner Brandt, Gert Tinggaard Svendsen (2006), "Climate change negotiations and first-mover advantages: the case of the wind turbine industry," *Energy Policy*, 34, pp.1175-1184

[2.6] Ben Drake, Klaus Hubacek (2007), "What to expect from a greater geographic dispersion of wind farms?—A risk portfolio approach," *Energy Policy* 35, pp.3999-4008

[2.7] Jose Donoso, Gamesa, (2008), "Opportunities and limitations of the flexibility mecnhanism of the Kyoto Protocol in Wind Eergy Development: A Developer's point of view," *ewec2008*

[2.8] Shiu-Yeung Hui, et al. (2008), "Wind Profiles and Forests," ewec2007

[2.9] Mr. Gábor Csákáry (2009), "UTILISATION OF WIND ENERGY IN HUNGARY IN 2009," *ewec2009*

[2.10] Luiano Pirazzi, et al. (2009), "Wind Eergy in Italy: policy framework, incentives, indutry and market development," *ewec2009*

[2.11] Mustapha Enzili (2009), "EUROPEAN WIND ENERGY CONFERENCE & EXHIBITION ," *ewec2009*

[2.12] 山口歩 (2006),「日本における風力発電事業の課題と展望」『立命館産業社会論集』第42巻1号, pp.207-221

[2.13] Ezio Sesto and Claudio Casale (1998), "Exploitation of wind as an energy source to meet the world's electricity demand," *Journal of Wind Engineering and Industrial Aerodynamics*, Volumes 74-76, pp.375-387

[2.14] S. M. Habali, Mohammad Amr, Isaac Saleh and Rizeq Taani (2001), "Wind as an alternative source of energy in Jordan," *Energy Conversion and Management*, Volume 42, Issue 3, pp.339-357

[2.15] Niels I. Meyer (1995), "Danish wind power development," *Energy for Sustainable Development*, Volume 2, Issue 1, pp.18-25

[2.16] Markus Geissmann (2008), "Social Acceptance of Wind Energy in Swizerland-a Concept and its Application in Swizerland," *ewec2008*

[2.17] Rolf Wüstenhagen, Maarten Wolsink, Mary Jean Bürer (2007), "Social acceptance of renewable energy innovation: An introduction to the concept," *Energy Policy*, Volume 35, Issue 5, May 2007, pp.2683-2691

[2.18] Catherine Gross (2007), "Community perspectives of wind energy in Australia: The application of a justice and community fairness framework to increase social acceptance," *Energy Policy*, Volume 35, Issue 5, pp.2727-2736

[2.19] Alexandros Dimitropoulos, Andreas Kontoleon (2009), "Assessing the determinants of local acceptability of wind-farm investment: A choice experiment in the Greek Aegean Islands," *Energy Policy*, Volume 37, Issue 5, pp.1842-1854

[2.20] Alain Nadaï (2007), " 'Planning', 'siting' and the local acceptance of wind power: Some lessons from the French case," *Energy Policy*, Volume 35, Issue 5, pp.2715-2726

[2.21] Ignacio J. Ramírez-Rosado, Eduardo García-Garrido, L. Alfredo Fernández-Jiménez, Pedro J. Zorzano-Santamaría, Cláudio Monteiro and Vladimiro Miranda (2008), "Promotion of new wind farms based on a decision support system," *Renewable Energy*, Volume 33, Issue 4, pp.558-566

[2.22] W. El-Osta, M. Belhag, M. Klat, I. Fallah and Y. Kalifa (1995), "Wind farm pilot project in Libya," *Renewable Energy*, Volume 6, Issues 5-6, pp.639-642

[2.23] W. El-Osta and Y. Kalifa (2003), "Prospects of wind power plants in Libya: a case study," *Renewable Energy*, Volume 28, Issue 3, pp.363-371

[2.24] Shafiqur Rehman (2005), "Prospects of wind farm development in Saudi Arabia,"

Renewable Energy, Volume 30, Issue 3, pp.447-463

[2.25] S. C. Pryor, and R. J. Barthelmie (2010), "Climate change impacts on wind energy: A review," *Renewable and Sustainable Energy Reviews*, Volume 14, Issue 1, pp.430-437

[2.26] Keith M. Stockton (2004), "Utility-scale wind on islands: an economic feasibility study of Ilio Point, Hawai," *Renewable Energy*, Volume 29, Issue 6, pp.949-960

[2.27] W. E. Alnaser (1993), "Assessment of the possibility of using three types of wind turbine in Bahrain," *Renewable Energy*, Volume 3, Issues 2-3, pp.179-184

[2.28] Khanh Q. Nguyen (2007), "Wind energy in Vietnam: Resource assessment, development status and future implications," *Energy Policy* 35, Issue 3, pp.1405-1413

[2.29] B. C. Cuamba, et al. (2009), "PLANNING WIND ENERGY PARKS IN MOZAMBIQUE," wwec2009

[2.30] T. Geer, J. F. Manwell, J. G. McGowan (2005), "A Feasibility Study of a Wind/Hydrogen System for Martha's Vineyard, Massachusetts," *American Wind Energy Association Windpower 2005 Conference*, May 2005, University of Massachusetts, Renewable Energy Research Laboratory Amherst, Massachusetts, pp.1-27

[2.31] Alan H. Fielding, D. Philip Whitfield, David R. A. McLeod (2006), "Spatial association as an indicator of the potential for future interactions between wind energy developments and golden eagles Aquilachrysaetosin Scotland," *Biological Conservation*, 131, pp.359-369

[2.32] Nazli Yonca Aydin, Elcin Kentel and Sebnem Duzgun (2010), "GIS-based environmental assessment of wind energy systems for spatial planning: A case study from Western Turkey," *Renewable and Sustainable Energy Reviews*, Volume 14, Issue 1, pp.364-373

[2.33] Kristina Ek (2005), "Public and private attitudes towards 'green' electricity: the case of Swedish wind power," *Energy Policy*, Volume 33, Issue 13, pp.1677-1689

[2.34] Bernd Möller (2009), "Spatial analyses of emerging and fading wind energy landscapes in Denmark," *Land Use Policy*, Available online 8, July 2009.

[2.35] Juan Pablo Hurtado, Joaquín Fernández, Jorge L. Parrondo and Eduardo Blanco (2004), "Spanish method of visual impact evaluation in wind farms," *Renewable and SustainableEnergy Reviews*, Volume 8, Issue 5, pp.483-491

[2.36] Alain Nadaï and Olivier Labussière (2009), "Wind power planning in France (Aveyron), from state regulation to local planning," *Land Use Policy*, Volume 26, Issue 3, pp.744-754

[2.37] Cornelia Ohland Marcus Eichhorn (2010), "The mismatch between regional spatial planning for wind power development in Germany and national eligibility criteria for feed-in tariffs—A case study in West Saxony," *Land Use Policy*, Volume 27,

Issue 1, pp.1-94
[2.38] Neil G. Douglas and Gurudeo S. Saluja (1995), "Wind energy development under the U. K. non-fossil fuel and renewables obligations," *Renewable Energy*, Volume 6, Issue 7, pp.701-711
[2.39] Ryunosuke Kikuchi (2008), "Adverse impacts of wind power generation on collision behaviour of birds and anti-predator behaviour of squirrels," *Journal for Nature Conservation*, Volume 16, Issue 1, pp.44-55
[2.40] Brian Snyder, Mark J. Kaiser (2009), "Ecological and economic cost-benefit analysis of offshore wind energy," *Renewable Energy*, Volume 34, Issue 6, pp.1567-1578
[2.41] Richard Cowell (2009), "Wind power, landscape and strategic, spatial planning—The construction of 'acceptable locations' in Wales," *Land Use Policy, In Press, Corrected Proof*, Available online 5, March 2009
[2.42] Mariko OHGISHI, Hirokazu OKU, Katsue FUKAMACHI and Yukihiro MORIMOTO (2006), "A Study of Landscape Evaluation Schema and Differences of Large Wind Power Generator between Residents and Visitors," *Journal of The Japanese Institute of Landscape Architecture*, Vol. 69, No. 5, pp.711-716
[2.43] 財団法人社会経済生産性本部 (2004), 『平成15年度新エネルギー等導入促進基礎調査 (省エネルギー・新エネルギーのレジャー資源化に関する総合調査) 報告書』pp.1-214

3 風力発電の経済・経営分析 (マーケティング, O&M, 電力市場)

[3.1] Murat Gökçek and Mustafa Serdar Gen (2009), "Evaluation of electricity generation and energy cost of wind energy conversion systems (WECSs) in Central Turkey," *Applied Energy*, Volume 86, Issue 12, pp.2731-2739
[3.2] Robert Y. Redlinger, et al. (2002), *Wind Energy in the 21th Century*, palgrave, pp.1-245
[3.3] EWEA (2009), "WIND POWER ECONOMICS," *ewec2009*
[3.4] Mónica Aguado, Elixabete Ayerbe, Cristina Azcárate, Rosa Blanco, Raquel Garde, Fermín Mallor, David M. Rivas (2009), "Economical assessment of a wind-hydrogen energy system using WindHyGen® software," *International Journal of Hydrogen Energy*, Volume 34, Issue 7, pp.2845-2854
[3.5] J. I. Levene (2005), "Economic Analysis of Hydrogen Production from Wind, National Renewable Energy Laboratory," *Conference Paper* NREL/CP-560-38210, pp.1-17
[3.6] Douglas G. Tiffany (2005), "Economic Analysis: Co-generation Using Wind and Biodiesel-Powered Generators," UNIVERSITY OF MINNESOTA Staff Paper pp.5-10
[3.7] Juha Kiviluoma (2006), "IMPACTS OF WIND POWER ON ENERGY BALANCE OF

A HYDRO DOMINATED POWER SYSTEM," *ewec2006*

[3.8] Jereny Parkes, et al. (2006), "Wind Energy Trading Benefits through Short Term Forecasting," *ewec2006*

[3.9] Keir Harman (2008), "Availability Trends Observed At Operational Wind Farms," *ewec2008*

[3.10] Irene Allcroft (2009), "THE GLOBAL OFFSHORE WIND MARKET," *ewec2009*

[3.11] E. Martínez, F. Sanz, J. Blanco, F. Daroca and E. Jiménez (2008), "Economic analysis of reactive power compensation in a wind farm: Influence of Spanish energy policy," *Renewable Energy*, Volume 33, Issue 8, pp.1880-1891

[3.12] Johannes M. Kissel and Stefan C. W. Krauter (2006), "Adaptations of renewable energy policies to unstable macroeconomic situations—Case study: Wind power in Brazil," *Energy Policy*, Volume 34, Issue 18, pp.3591-3598

[3.13] John P. Dismukes, Lawrence K. Miller, and John A. Bersc (2009), "The industrial life cycle of wind energy electrical power generation: ARI methodology modeling of life cycle dynamics," *Technological Forecasting and Social Change*, Volume 76, Issue 1, pp.178-191

[3.14] C. Hiroux and M. Saguan (2009), "Large-scale wind power in European electricity markets: Time for revisiting support schemes and market designs?," Energy Policy, *Article in Press*

[3.15] Joseph F. DeCarolis and David W. Keith (2006), "The economics of large-scale wind power in a carbon constrained world," *Energy Policy*, Volume 34, Issue 4, pp.395-410

[3.16] M. H. Albadi and E. F. El-Saadany (2009), "The role of taxation policy and incentives in wind-based distributed generation projects viability: Ontario case study," *Renewable Energy*, Volume 34, Issue 10, pp.2224-2233

[3.17] Rodolfo Dufo-López, José L. Bernal-Agustín and Franklin Mendoza (2009), "Design and economical analysis of hybrid PV-wind systems connected to the grid for the intermittent production of hydrogen," *Energy Policy*, Volume 37, Issue 8, pp.3082-3095

[3.18] M. H. Albadi, E. F. El-Saadany and H. A. Albadi (2009), "Wind to power a new city in Oman," *Energy*, Volume 34, Issue 10, pp.1579-1586

[3.19] 山口 歩 (2002),「現代の風力発電技術の「経済性」について」『立命館産業社会論集』第38巻1号, pp.111-124

[3.20] Fang Min, et al. (2009), "STUDY ON LARGE-SCALE NON-GRID-CONNECTED WIND POWER INDUSTRIAL SYSTEM," *wwec2009*

[3.21] Zhen Yu Zhao, Ji Hu and Jian Zuo (2009), "Performance of wind power industry development in China: A Diamond Model study," *Renewable Energy*, Volume 34, Issue 12,

pp.2883-2891
[3.22] Robert Lynette (1988), "Status of the U. S. wind power industry," *Journal of Wind Engineering and Industrial Aerodynamics*, Volume 27, Issues 1-3, pp.327-336
[3.23] Mariano Méndez (2009), "Real Options Valuation of a Wind Farm," *ewec2009*
[3.24] Achin Woyte (2008), "Market Design for Large-scale Integration in the European Synchronous Zones," *ewec2008*
[3.25] Tryggvi Jónssn (2009), "Forecasting Day-Ahead Electricity Prices and Regulation Costs in Markets with Significant Wind Power Penetration," *ewec2009*
[3.26] H. J. Krokoszinski (2003), "Efficiency and effectiveness of wind farms—keys to cost optimized operation and maintenance," *Renewable Energy*, Volume 28, Issue 14, pp.2165-2178
[3.27] George Marsh (2007), "Wind farms at an early stage," *Refocus*, Volume 8, Issue 3, PP.22-24, 26-27
[3.28] Peter Cassidy and Lisa Scott (2002), "Minimising costs of wind: Risk control and operation & maintenance strategies," *Refocus*, Volume 3, Issue 5, pp.34-37
[3.29] L. W. M. M. Rademakers, et al. (2008), "TOOLS FOR ESTIMATING OPERATION AND MAINTENANCE COSTS OF OFFSHORE WIND FARMS," *ewec2008*
[3.30] A. Albers (2009), O&M Cost Modelling, Technical Losses and Associated Uncertainties, *ewec09*
[3.31] Marthias Hermann et al. (2007), "PORTFOLIO EFFECT OF DEVERSIFIED RENEWABLE ENERGY SOURCES," *ewec2007*
[3.32] J. P. Coelingh (2007), "Wind and power derivatives in project finance," *ewec07*
[3.33] Simon Luby (2008), "Project Risks and the Role of Due Diligence for Project Finance," *ewec2008*
[3.34] Philipe Raybaud, et al. (2009), "Private Equity and Venture Capital," *ewec2009*
[3.35] Philipe Raybaud (2009), "Project Finance," *ewec2009*
[3.36] Ryan H. Wiser (1997), "Renewable energy finance and project ownership: The impact of alternative development structures on the cost of wind power," *Energy Policy*, Volume 25, Issue 1, pp.15-27
[3.37] Jonathan H Johns (1999), "Leasing wind turbines (and its alternatives)," *Renewable Energy*, Volume 16, Issues 1-4, pp.872-877
[3.38] A. Hernandez-Aramburo, Julio Usaola-Garcia, Jorge L. Angarita-Ma'rquez, Carlos, (2007), "Analysis of a wind farm's revenue in the British and Spanish markets," *Energy Policy* 35, pp.5051-5059

4 風力発電と地域経済（ツーリズム・景観）

[4.1] Jessika A. Shoemaker et al. (2006), *Community Wind*, Farmer's Legal Action Group

[4.2] Mark Bolinger, Ryan Wiser (2006), "A comparative analysis of business structures suitable for farmer-owned wind power projects in the United States," *Energy Policy* 34, pp.1750-1761

[4.3.] Yves Gagnon P.Eng., et al. (2008), *A COMMUNITY WIND ENERGY PROGRAM FOR NEW BRUNSWICK*, New Brunswick Department of Energy

[4.4] Menniti D. et al. (2009), "THE CRETA EXPERIENCE: HOW WIND CAN HELP LOCAL DEVELOPMENT," ewec2009

[4.5] Branko Blazevic (2009), "THE ROLE OF RENEWABLE ENERGY SOURCES IN REGIONAL TOURISM DEVELOPMENT," *Tourism and Hospitality Management*, Vol. 15, No. 1, pp. 25-36

[4.6] Arthur Jobert, Pia Laborgne and Solveig Mimler (2007), "Local acceptance of wind energy: Factors of success identified in French and German case studies," *Energy Policy*, Volume 35, Issue 5, pp.2751-2760

[4.7] Mark A. Bolinger (2005), "Making European-style community wind power development work in the US," *Renewable and Sustainable Energy Reviews*, Volume 9, Issue 6, pp. 556-575

[4.8] Tanja Michler-Cieluch, Gesche Krause (2008), "Perceived concerns and possible management strategies for governing 'wind farm–mariculture integration'," *Marine Policy* 32 (2008) pp.1013-1022

[4.9] R. Calero, J. A. Carta (2004), "Action plan for wind energy development in the Canary Islands," *Energy Policy* 32, pp.1185-1197

[4.10] JAMIL KHAN (2003), "Wind Power Planning in Three Swedish Municipalities", *Journal of Environmental Planning and Management*, 46 (4), pp.563-581

[4.11] Janneke Wijnia-Lemstra, (2009), "Developimg a large wind energy project in a Natura 2000 area," *ewec09*

5 瀬川発表論文

[5.1] 瀬川久志・清水幸丸 (2008), 「自治体所有の大型風力発電所の経営状態に関する財政学的考察 第一報」日本地方自治研究学会『地方自治研究』Vol.23, No2, pp.12-24

[5.2] Hisashi Segawa (2008), "Japanese Renewable Portfolio Standard and the Management of Local Government Wind Power Stations," The International Symposium on East Asian Environmental Sociology: Problems, Movements and Policies,

Japanese Association for Environmental Sociology, pp.297-315
[5.3] Hisashi Segawa (2008), "INTEGRATING EFECTS OF WIND POWER STATIONS INTO REGIONAL BENEFITS PLANNING," *ewec2009*
[5.4] Hisashi Segawa (2009), "Utilization of wind power for the sustainable development of seafood resources in fishing harbor—fish-growing facility and ice-making plant," *wwec2009*

■著者紹介

瀬川　久志　（せがわ　ひさし）
　　　東海学園大学経営学部・大学院教授
　　　名古屋産業大学大学院環境マネジメント研究科博士後期課程修了
　　　博士（環境マネジメント）

　　主著
　　　『消費税で自治体財政がどう変わる』（共著）自治体研究社，
　　　　1989 年
　　　『現代日本地方財政論』（共著）昭和堂，1990 年
　　　『新しい産業社会の潮流』（単著）中部日本教育文化会，1996 年

躍進する風力発電
―その現状と課題―

2011 年 7 月 20 日　初版第 1 刷発行

■著　者　── 瀬川久志
■発 行 者 ── 佐藤　守
■発 行 所 ── 株式会社 大学教育出版
　　　　　　　〒700-0953　岡山市南区西市 855-4
　　　　　　　電話 (086) 244-1268　FAX (086) 246-0294
■印刷製本 ── モリモト印刷㈱

© Hisashi Segawa 2011, Printed in Japan
検印省略　落丁・乱丁本はお取り替えいたします。
無断で本書の一部または全部を複写・複製することは禁じられています。
ISBN978-4-86429-072-2